UNITED STATES
MEXICO
마이애미
바하마
THE BAHAMAS
메리다
치첸이트사
칸쿤
멕시코시티
투룸
베라크루스
촐룰라
팔렝케
CUBA
DOMINICAN REPUBLIC
HAITI
JAMAICA
BELIZE
HONDURAS
GUATEMALA
EL SALVADOR
NICARAGUA
코스타리카
COSTA RICA
PANAMA
Puerto Rico (U.S.)
ST. KITTS AND NEVIS
ANTIGUA AND BARBUDA
DOMINICA
ST. VINCENT AND THE GRENADINES
ST. LUCIA
BARBADOS
GRENADA
TRINIDAD AND TOBAGO
VENEZUELA
GUYANA
SURINAME
French Guiana (FRA
COLOMBIA
갈라파고스 제도
Galapagos Islands (ECUADOR)
키토
킬로토아호
ECUADOR
코토팍시화산국립공원
PERU
BRAZI
리마
마추픽추
푸에르토 말도나도
바예스타섬
쿠스코
티티카카호
나스카
차칼타야산
태양의 섬
라파즈
BOLIVIA
티와나쿠
리우데자네이루
우유니
포토시
PARAGUAY
마나나간헐천
이구아수폭포
CHILE
Juan Fernández Islands (CHILE)
URUGUAY
ARGENTINA
Falkland Islands (U.K.)
Bermuda (U.K.)

남미

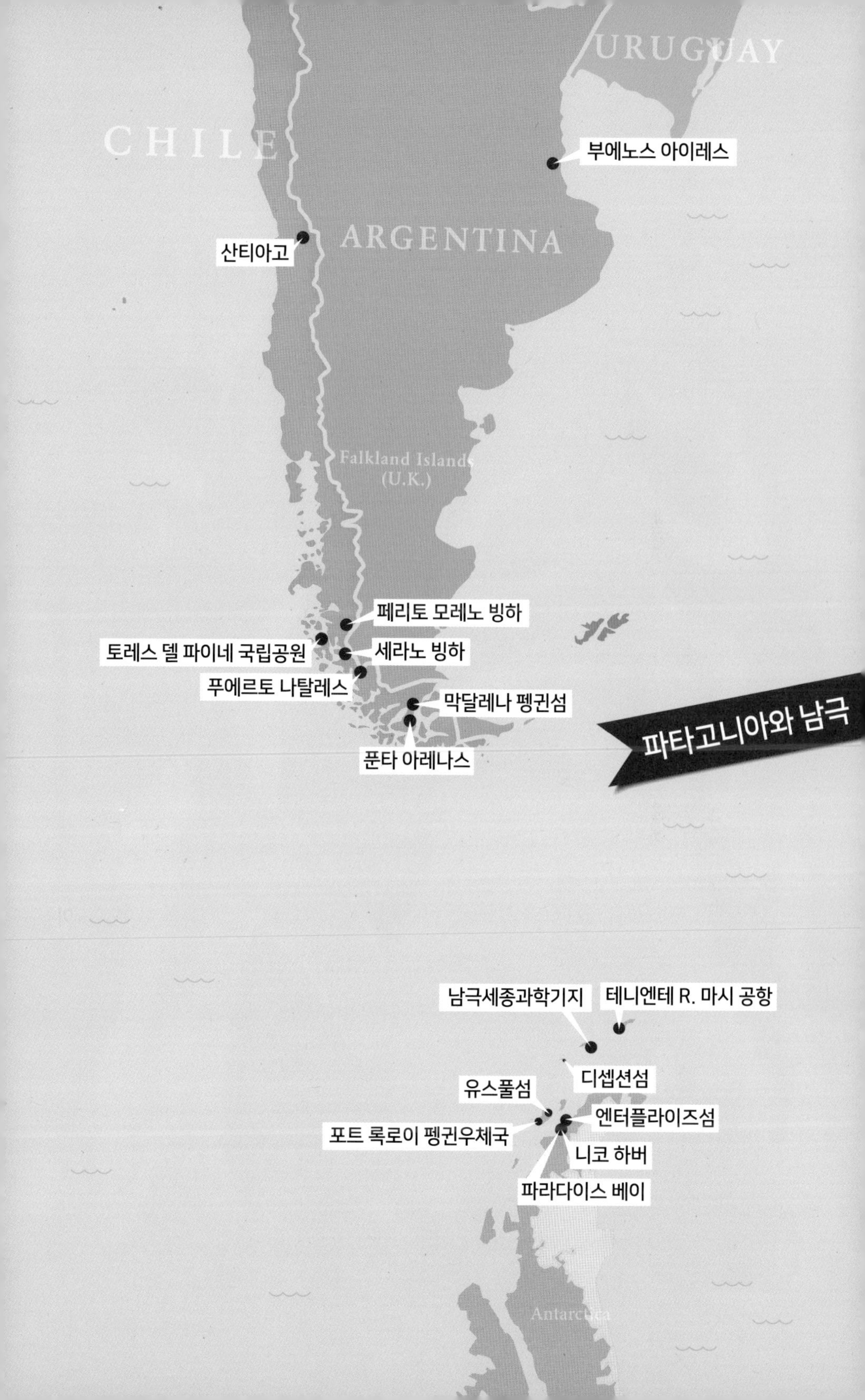

파타고니아와 남극

URUGUAY
CHILE
ARGENTINA
부에노스 아이레스
산티아고
Falkland Islands
(U.K.)
페리토 모레노 빙하
토레스 델 파이네 국립공원
세라노 빙하
푸에르토 나탈레스
막달레나 펭귄섬
푼타 아레나스
남극세종과학기지
테니엔테 R. 마시 공항
디셉션섬
유스풀섬
엔터플라이즈섬
포트 록로이 펭귄우체국
니코 하버
파라다이스 베이
Antarctica

북극에서 남극까지

수상한 세계여행 IV

수상한 세계여행 : 북극에서 남극까지

4권 – 남극, 중남미, 뉴질랜드, 하와이

초판 1쇄 2022년 4월 5일

지은이 김명애 박형식
발행인 김재홍
디자인 현유주
교정·교열 전재진
마케팅 이연실

발행처 도서출판지식공감
브랜드 문학공감
등록번호 제2019-000164호
주소 서울특별시 영등포구 경인로82길 3-4 센터플러스 1117호 (문래동1가)
전화 02-3141-2700
팩스 02-322-3089
홈페이지 www.bookdaum.com

가격 15,000원
ISBN 979-11-5622-678-9 03980

문학공감은 도서출판지식공감의 인문교양 단행본 브랜드입니다.

북극에서 남극까지

수상한 세계여행 IV

글·사진 박형식 × 김명애

남극 | 중남미 | 뉴질랜드 | 하와이

《여행에 미친 부부》의 흔적이 고스란히 담긴 세계여행기

세상에 무엇 하나 남기지 못했다는 사실에 아쉬움을 느끼고
열정만으로 세계 곳곳에 발자국을 찍어보기로 했다

문학공감

| Prologue |

우리 이야기

아이들 양육과 생업 그리고 교회 봉사로 젊은 시절을 분주히 보내다가, 환갑이 지나자 그동안 미루어왔던 꿈이 되살아났다. 여행할 때 가장 큰 행복을 느끼기에, 그때부터 매년 8주 정도의 세계여행을 시작하였다.

2013년 어느 날, 출근해 보니 밤에 내린 폭우로 가게 슬레이브 지붕 배수구가 막혀 쏟아진 빗물로 물바다가 되었다. 추수감사절 식탁을 케이터링으로 대신하며 3일에 걸쳐 복구작업을 끝냈다.

그 과정에서 감정사가 소독을 겸한 청소비, 페인트 벗기고 칠하는 비용 등 생각하지 못했던 항목까지 찾아주었다. 기대보다 많은 보상을 받아, 남은 돈을 의미 있게 사용하기 위해 남극 탐험을 떠나기로 하였다.

남극에 간다는 희망에 피곤한 줄도 모르고 일하였다. 남극까지 가는 명분으로 남편은 미국에 와서 지금까지 머리를 깎아준 보상이라며, 생활하듯 여행하는 여행생활자의 삶을 이어가자고 한다.

그런데 2015년 출발 두 달 전, 옆 가게에서 난 불이 우리 가게로 옮겨붙어 하루아침에 백수가

되었다. 5천 불의 예약금을 날리더라도 여행을 취소해야 하는 상황이었지만, 한 달 전에 잔금까지 치러 어쩔 수 없이 떠나게 되었다.

그리고 2016년, 결혼 40주년 기념 여행을 위해 신용카드 개설로 필요한 마일리지를 얻었다. 호주, 뉴질랜드, 일본 등 7개국 방문에 마일리지와 공항세 600불로 항공료를 해결하고, 77일간의 배낭여행을 떠났다.

다음으로는 2019년 3월, 갈라파고스제도와 우유니 소금사막 등 남미의 명소들을 찾았다. 야간 침대 버스 등으로 이동하며 해발 4천 미터 고산지대에서 만난 원주민들의 이야기들을 펼쳐보았다.

최근에는 2021년 8월, 하루 코로나 확진자가 2만 명을 넘어 적색경보가 내려진 멕시코를 방문하였다. 멕시코시티의 아스테카 유적지를 돌아보고 칸쿤으로 날아가 유카탄반도의 마야유적지를 방문하였다.

Contents

남극과 파타고니아 ① Antarctica & Patagonia

남아메리카, 야생의 땅 ② South America

중앙아메리카의 아스테카와 마야 문명 ③ Central America

호주와 뉴질랜드 ④ Australia & New Zealand

낭만의 섬 하와이 ⑤ Hawaii

남극과
파타고니아 ①
Antarctica
&
Patagonia

Antarctica

남극 탐험에 오르다

남극 탐험은 남반구의 여름인 11월에서 2월까지 이루어진다. 남극대륙의 특설 비행장에 내려 스키로 남극점까지 가는 투어는 3만 불 이상이 들고 강한 체력을 요구하기에, 경제적 후원을 받는 탐험가들이 주로 이용한다.

남미 땅끝 우수아이아에서 드레이크 해협을 건너, 킹조지섬에 도착하여

이틀 동안 남극의 섬만 돌아보고 오는 6천 불 정도의 투어가 일반적이다. 그러나 북반구에서 이틀이나 걸려 땅끝까지 와서, 남극대륙을 밟아보지 못하는 아쉬움이 있다.

푼타아레나스에서 전세기로 킹조지섬으로 날아가 남극대륙을 돌아보는 Antarctica21의 'Classic Antarctica Air Cruise 8 days'를 선택하였다. 1만1천 불의 12월 첫 투어를 1년 뒤로 출발을 늦추어 10% 조기예약 할인을 받아, 30%는 선불하고 잔액은 투어 120일 전 완불 조건으로 예약하였다.

남극은 지구 최남단의 대륙으로 아시아, 아메리카, 아프리카에 이어 세계에서 4번째로 큰 대륙이다. 지구상에서 해발고도가 가장 높고 가장 넓은 사막으로 사람이 정착한 거주지는 없고, 여름에는 4천 명, 겨울에는 1천 명 정도가 연구기지에서 생활하고 있다.

Punta Arenas, Chile

푼타아레나스, 남극의 관문

2015년 12월 초, 뉴욕에서 휴스턴을 거쳐 다음날 칠레 산티아고 공항에 도착하였다. 입국 수속 중 세관 신고서에 사과가 빠졌다며 조사실로 호출되어, 벌금으로 워싱턴 사과 3개를 압수당했다. 1시간 반을 날아 푸에르토몬트에서 승객을 추가로 태운 비행기는 푼타아레나스 공항에 2시간 만에 도착하였다.

2시간에 140불로 예약한 현지 여행사 Comapa의 시내투어가 비싼 느낌이 들었으나, 가이드가 시간을 늘려가며 성실하게 안내해 주었다. 황금빛 모감주나무 꽃이 탐스럽게 피어있는 마젤란공원을 돌아보았다.

포르투갈 출신 항해가 마젤란1480~1521은, 스페인 카를 5세의 명으로 1519년 5척의 배와 270명으로 된 선단을 이끌었다. 대서양을 남하하여 스페인 출신 선장들의 반란을 진압하며 해안을 따라 내려갔다.

폭풍우로 2척의 배를 잃고 천신만고 끝에 마주한 잔잔한 바다는 태평양이라 명명되고, 그가 지나온 좁은 바닷길은 훗날 마젤란 해협이 되었다. 1521년 4월에 필리핀에 도착한 함대는 세부섬 추장과 부족 800여 명을 가톨릭으로 개종시킨다. 막탄섬 전투에서 목숨을 잃은 마젤란은, 세계 최초로 대서양과 태평양을 횡단하는 기록을 남겼다.

Cementerio Municipal은 독특한 모양의 정원수가 가득 들어선 정원묘지이다. 육체적인 죽음보다는 망자가 사람들로부터 잊힐 때 비로소 죽음에 이르렀다고 생각하기에, 이곳 사람들은 묘지를 항상 아름답게 꾸민다.

부지 사용료는 이곳 2 Bed Room 아파트 렌트비 1,500불의 10% 정도이고, 묘지는 후손들이 별도의 비용으로 관리한다. 'Mom and Dad'라고 쓴 아래에 사진을 모셔놓은 소박한 묘지가 눈길을 끌었다.

푼타아레나스 교민 3명 중 한 사람이 운영하는 신라면 식당을 찾아, 남미를 여행하는 한인들에게 얼큰한 라면을 끓여주는 윤 사장을 만났다. 십자가 언덕에는 그가 만든 '평창까지 12,515㎞'라는 이정표 팻말이 보인다.

시내투어 후 바로 남극 탐험 집결 장소에서 간단한 브리핑을 들은 후, 마젤란공원 건너편 Sara Braun Palace로 자리를 옮겨 칵테일 파티를 가졌다. 식사가 끝나갈 무렵 공항 관제소로부터 메시지가 날라왔다. 결항이 다반사인 이곳에서, 내일 아침 출발할 수 있다는 희소식에 모두 자리에서 일어나 박수로 환호했다.

호텔로 돌아오니 Antarctica 21이라 쓰인 방수백에 담긴 장화가 보인다. 밤 10시가 넘었는데도 푼타아레나스는 석양의 환한 모습을 하고 있다.

인구 20여만 명의 푼타아레나스는 과거의 영화가 살아있는 도시이다. 박정희 대통령의 원양어업 육성정책으로 한국 선단은 남극해에 진출하였다. 그로 인해 파나마 운하 개통으로 몰락했던 이곳은, 칠레 최대의 선박 수리 단지가 되었다.

박 대통령을 롤모델로 삼은 피노체트는 17년간의 독재정치로 칠레를 남미의 3대 부국 반열에 올려놓았다. 칠레가 자유민주주의로 돌아설 때, 반공을 국시로 한 쿠데타로 공산화를 막아내고 한강의 기적을 이룬 박 대통령의 정책을 참고한 것이다.

Embarkation Ocean Nova

남극 탐험 크루즈에 오르다

남극행 수화물이 20㎏로 제한되어 필요한 물건들만 챙기고 나머지는 호텔에 맡긴 다음, 장화를 신은 채 버스에 올랐다. 푼타아레나스를 출발하여 2시간 동안 드레이크 해협 위를 날며, 푸른 바다 위에 초원의 양떼처럼 흩어져있는 유빙들을 감상하였다.

남극반도 최북단 South Shetland 군도 북쪽 킹조지섬 테니엔테 마시 Teniente R. Marsh 공항에 도착하여, 청사로 쓰이는 바람막이 천막에서 기다렸다. 우리들의 짐을 챙긴 스텝들을 뒤따라 펭귄처럼 일렬로 서서 2㎞의 눈길을 걸어 내려가는 길에 러시아와 칠레 등 여러 나라의 남극연구기지들이 보인다.

눈길 끝 바닷가에 도착하여 팀원들의 도움을 받아 어렵게 조디악에 올랐다. 유빙 사이로 나타나는 고래를 감상하며, 세종과학기지를 지나 브레이크필드Brakesfield 해협을 건너 남극대륙을 향한 여정이 시작되었다.

비상 탈출 훈련으로 일곱 번의 짧은 경적이 울리자 구명조끼를 입고 지정 장소에 모여 동영상을 보았다. 구명정에 오르는 연습은 승무원의 시범으로 대신하였다. 종이 대신 모니터와 방송으로 소식을 전하고, 물병 재사용으로 환경 오염을 최소화한다.

사람들에게 전혀 경계심을 보이지 않는 펭귄들을 보며, 완전 다른 세상에 온 우리는 누구인가? 왜 이곳에 왔는가? 무엇을 보고 느끼고 갈 것인가? 밤이 깊어지자 황금색으로 물든 바다에 10층 건물 높이의 거대한 빙산이 신비로운 모습으로 나타난다.

Wilhelmina Bay

남극의 환상적인 유빙

64명의 탐험대는 홍콩 20명, 유럽 4명, 호주 4명, 칠레 7명과 미국에서 온 29명으로 행사는 영어로 진행되었다. 북극에서 보았던 북극곰은 그림자도 찾아볼 수 없고, 태고의 모습을 그대로 간직한 남위 60도에는 설산과 펭귄, 물개, 고래들뿐이다.

남극의 빙산은 북극이나 알래스카에서 보던 것과는 그 규모가 달랐다. 환상적인 빛을 발하고 있는 빙산들은 우리가 요정의 집이라 이름을 붙여주면 금세 모양이 바뀐다. 얼음의 표면이 다르게 깎여 마치 예술가들의 작품처럼 보인다.

선미가 바다에 잠겨있는 포경선에는 시가 2천만 불의 고래 제품이 있었다고 한다. 강수량이 사막 수준에 불과한 남극의 건조한 날씨로 많이 부식되지 않은 선수부 갑판은 새들의 보금자리가 되어있다.

Ocean Nova는 북극 탐험 때 102명이 승선했던 Sea Spirit보다는 작은 배로 약간의 쇄빙 기능이 있다. 간혹 다른 탐험선들이 유빙에 갇혀 구조선이 올 때까지 기다리기도 하나, 이 배는 웬만한 유빙은 돌파한다. 이 배가 아직 그런 사고를 당하지 않았던 이유는, 선장이 탐험대들의 만족과 자신의 공명심을 잘 조절하여 왔기 때문으로 볼 수 있다.

창가에 앉아 담소를 나누며 유빙을 헤쳐나가는 묘기를 감상하는데 갑자기 요란한 소리가 나기 시작한다. 갑판으로 나가보니 배는 끝이 보이지 않는 유빙에 둘러싸여 있다.

항해 속도가 느려지면 앞뒤의 유빙들이 결빙되어 배가 묶이게 된다. 조금 무리를 하던 선장이 180도 회전하여 북쪽의 엔터프라이즈섬 쪽으로 선수를 돌린다. 멋진 장면과 함께 가슴을 쓸어내리는 순간이 지나갔다.

Snowshoeing @ Enterprise Island

설상화 신고 오른 남극 빙산

위험이 많이 따르는 남극 탐험 출발 직전, 돌아오지 못할 경우를 대비하여 유언을 남겼다. 한국말에 서툰 상은이가 남극을 South Pole로 이해하여, 추위에 약한 아빠한테는 매우 위험하니 가지 말라고 한다.

말려봐야 소용없다는 것을 경험으로 터득한 딸이, "나쁜 일이 생겨도 좋아하는 여행하다 행복하게 가셨다고 생각할게요. 그러나 엄마 아빠가 너무 보고 싶으니, 조심하셔서 건강하게 돌아오세요." 한다. 순간 눈시울이 뜨거워졌지만 아이들에게 눈물을 보이기가 싫어, 민수를 안고 등을 돌려 "네가 보고 싶어서라도 꼭 돌아올 것이다."라고 혼잣말처럼 말끝을 흐렸다.

새로운 도전에 대한 성취는 우리를 더욱 성장케 하고 삶을 풍요롭게 만든다. 지구에서 가장 춥고 건조한 남극에서 200불을 내고 4차례의 Snowshoeing을 하였다. 에베레스트 등반 가이드가 안전교육과 설상화 착용 요령을 설명해 준다.

12명의 스노우슈잉 팀은 40~50대의 젊은 스키 마니아들이다. 최고령에 평소 스키를 가까이하지 않았던 우리는, 팀 리더들의 도움으로 겨우 끝내긴 했지만, 팀원들에게 적지 않은 민폐를 끼쳤다.

첫날의 엔터프라이즈섬 코스는 한 줄로 서서 설산을 오르는 난코스이다. 펭귄 서식지를 가로질러 30분가량 언덕을 올라, 가파른 경사 아래로 까마득한 절벽이 나타나자 다리가 후들거렸다.

다른 팀원이 여러 차례 절벽 아래로 미끄러져 그를 구조하느라 지체되는 바람에, 나의 저질 체력은 노출되지 않았다. 잠시 뒤 나도 미끄러져 절벽 가까이에서 겨우 멈추어 절망과 고독을 맛보았다.

남극의 눈은 유난히 부드럽고 가볍기에, 체중을 실어 설상화를 세게 내려찍어야 스파이크가 눈 위에 박힌다. 한 걸음씩 길을 만들며 가다 보니 일행

과 멀어져 미안해 죽겠는데, 남편이 카메라를 자주 들이대는 바람에 표정 관리가 어려웠다.

남편의 감언이설에 넘어가 생고생을 사서 하는구나 싶어, 팀이 돌아올 때까지 기다리겠다고 하니 안전상 안 된다 하여 어쩔 수 없이 따라갔다. 여기서 사고라도 나면 남극 맛도 제대로 못 보고 육지의 병원으로 이송된다.

북극 탐험 때에는 11일 비상보험료가 600불, 남극은 7일에 1,200불이다. 북극처럼 강제 사항이 아니었기에 승선 서류심사 시 필요한 연회비 140불의 EA+를 샀다. 이것은 여행 중 사고 시 앰뷸런스나 헬기 서비스만 제공한다.

스노우슈잉을 하지 않는 팀원들은 조디악을 타고 유빙들을 감상하였다. 설산 등반을 한 다음 유빙투어에 합류하게 되어있는 우리는, 시간이 늦어져 바로 모선으로 돌아왔다. 우리 때문에 저녁식사가 늦어져 와인 한 잔씩 돌리려 했으나, 북극 탐험 때와는 달리 디너에 맥주, 와인, 소다가 포함되어 있었다.

Useful Island @ Anvers Island

유빙 투어

남극반도와 Anvers섬 사이의 작은 Useful섬에서 1시간가량 나지막한 하얀 설산에 올랐다. 무척 어려웠던 전날 코스와는 달리 쉬운 코스로 스노우슈잉을 끝내고, 조디악으로 섬 주위를 돌며 기기묘묘한 형상의 유빙들을 돌아보았다.

화보에서만 보던 거대한 빙산들이 비현실적인 풍경으로 다가온다. 엄청난 크기의 빙산 앞에서는 조디악 선장도 안전을 고려하여 가까이 접근하지 않는다. 저마다 숨을 죽인 채 몸을 아끼지 않고 바닥에 주저앉아, 촬영에 몰두

하는 모습에서 구도자의 분위기가 느껴진다.

Antarctica가 새겨진 캡모자와 펭귄 로고가 들어간 손자들 선물을 샀다. 라운지 바에서 칵테일을 마시며, 해협을 가득 채우고 해류를 따라 이동하는 유빙 사이로 가끔씩 모습을 드러내는 고래와 펭귄 등을 감상하였다.

국제법상 남극권은 남위 60도에서 90도까지를 의미한다. 지구 육지의 9.2%를 차지하는 남극은 지구상의 마지막 원시대륙이자, 연평균 강수량이 166㎜에 불과한 가장 넓은 사막이다. 98%가 얼음으로 덮여 있는 남극의 얼음 평균 두께는 2,160m이며, 가장 두꺼운 곳은 4,775m이다. 전 세계 얼음의 90%를 차지하는 남극은 담수의 보유량도 70%에 이른다.

남극의 12월은 북극의 6월에 해당한다. 남반구를 가보지 못한 사람들이 기록한 고대 경전과 신화에, 남쪽은 따뜻한 곳으로 북쪽은 매서운 칼바람과 얼음이 가득한 곳으로 묘사된다. 그러나 북위 80도보다 남위 60도의 추위가 훨씬 더 혹독했다.

30여 명의 승무원들이 60여 명의 탐험대를 위해 불철주야 최선을 다한다. 선장과 기관장 그리고 주방장 등이 쾌적한 잠자리와 식사를 위해 헌신하고, 탐험팀 리더들은 가이드와 조디악 선장 그리고 리켑 강사 등으로 모든 일정을 관리한다.

Port Lockroy, Goudier Island

남극 펭귄우체국

프랑스 남극 탐험대를 지원했던 Lockroy의 이름으로 명명된 포트 로크로이는, 1911~1931년까지 고래잡이 항구이었다가 제2차 세계대전 중에는 영국군 군사기지로 활용되었다.

1962년까지 영국 극지연구소로 사용되었다가 1996년 박물관이 세워졌다. 기념품 매장에 있는 펭귄 우체국에서는 여름 동안 1만 8천여 명의 방문자들이 지인들에게 보내는 7만여 통의 우편물을 취급한다.

영국 남극재단에서는 여권에 스탬프를 찍어주며 기념품 판매 수익금으로 펭귄 서식지를 관리한다. 남위 65도에 있는 이곳 트레일에서 펭귄들을 만나 볼 수 있다.

18종의 펭귄 중, 키 1m와 무게 35㎏로 추위에 강한 황제펭귄과 60㎝의 젠투펭귄은 남극대륙에 산다. 마젤란펭귄은 남미 최남단 파타고니아 지역에, 키 25㎝의 가장 작은 블루펭귄은 뉴질랜드에 서식한다. 아프리카 남단과 남미 갈라파고스 등 남반구에서만 보이는 펭귄의 분포는, 1.8억 년 전 남극대륙에서 떨어져 나온 대륙들의 생성과정을 보여준다.

풍부한 어장으로 항상 먹거리가 넘쳐나지만, 주위가 온통 얼음으로 덮여있어 둥지를 만드는 재료는 작은 돌멩이뿐이다. 펭귄들이 집주인이 자리를 비운 사이 무단 침입하여 돌멩이들을 훔치는 일은 이곳의 일상이 되어있다. 펭귄은 배설물을 몸길이만큼 밖으로 쏘는 기능으로 알을 품고 있는 동안 둥지를 깨끗하게 관리한다.

펭귄은 수컷의 수가 적어 짝짓기 철이 되면 암컷 여러 마리가 수컷 한 마리를 걸고 싸운다. 강추위나 폭풍 등으로 새끼를 잃었을 때, 슬픔을 달래기 위해 다른 어미의 새끼를 훔치기도 한다. 펭귄의 천적은 도둑 갈매기와 바다표범이다.

조디악으로 모선까지 가는 대신 얼어있는 바다 위로 걸어가는 길에, 바다 표범들이 여유 있게 널브러져 있다. 눈 위에 누워서 바라본 백색 천지는 서서 보는 풍경과는 또 다른 맛이 났다. 빙하에 걸쳐 놓은 배 위에서 선상 바비큐를 즐기며 은빛 세계를 배경으로 끝없는 여행담이 이어진다.

Almirante Brown Antarctic Base @ Paradise Bay

남극해에 출몰한 해적선

아르헨티나 13개 극지연구소 중 하나인 알미란테 브라운Almirante Brown 스테이션은 해군의 아버지 브라운 제독의 이름으로 명명된 곳이다. 1951년부터 사용되었던 원래의 건물은 1984년 화재로 전소되고 재건축된 건물들이 여름에만 운영된다.

지금까지 남극의 섬들만 돌아보다가 드디어 파라다이스 베이의 남극대륙에 첫발을 디뎠다. 신대륙을 발견한 콜럼버스처럼 뛰는 가슴으로 'Antarctica, The 7th Continent' 깃발 앞에서 인증사진을 찍으며 환희의 순간을 맞이하였다. 장화를 신고 산 정상으로 오르는 일이 결코 만만치 않았지만, 높아질수록 신비롭게 펼쳐지는 비경을 감상하며 정상에 오를 수 있었다.

설산 등반을 끝내고 조디악으로 파라다이스 하버 해안을 돌아보았다. 화려하게 바위를 장식하며 번식하고 있는 엘지 algae 들이 한 폭의 그림처럼 펼쳐진다. 생명의 강인함은 우리의 상상을 초월한다.

거대한 빙하에 정신을 놓고 있는데 멀리서 해적선 깃발을 단 보트가 다가왔다. 남극에서 해적을 만나는구나 하는 호기심과 두려움도 잠깐, 스위스 팔등신 미녀 박사와 일본 아티스트 노즈미가 활짝 웃으며 다가선다.

예쁜 별다방 아가씨들의 따끈한 커피 한잔과 알코올이 섞인 핫드링크 배달은 우리 모두에게 행복을 안겨주었다. 훈훈

하고 기분 좋은 남극 바다의 카페에서 그 어디에서도 경험할 수 없는 사랑을 마셨다.

유빙 위에서 한가롭게 낮잠을 즐기고 있는 바다사자가 우리의 접근에 전혀 반응을 보이지 않아 살짝 무시당하는 기분이다. 눈이라도 한번 떠 주면 멋진 사진을 담을 수 있었을 텐데….

Polar Plunge, Neko Harbor

폴라 플런지

벨기에 탐험가 제를라슈 Gerlache 에 의해 발견된 안드보르드 만 Andvord Bay 의 네코하버는, 1911~1924년까지 고래잡이를 하던 스코틀랜드 포경선의 이름으로 명명된 곳이다. 조디악에서 내려 해안에 발을 디디자 펭귄들이 일렬로 서서 뒤뚱뒤뚱 걸으며 앞선다.

펭귄들은 언덕 위로 오르는 갈색의 전용도로 지름길로 올라가고, 우리는 능선을 돌아 올라갔다. 정상에 오르자 설산을 병풍 삼아 오목하게 자리 잡은 네코하버가 한 폭의 그림으로 다가왔다.

하버로 내려오는 길에 우리와 마주친 펭귄이 한참을 서서 기다린다. 길을 비켜주지 않자 방향을 바꾸어 눈밭으로 들어가, 눈 속에 곤두박질치며 원망하듯 우리를 바라다본다. 같이 놀고 싶었는데….

북반구의 여름에 해당하는 남극의 12, 1, 2월의 낮 기온은 화씨 30~35도이고, 밤 11시부터 새벽 2시까지 해가 사라진다. 탐험은 오전 9시부터 오후 5시 사이 빙점 이상의 기온에서만 행해진다.

남극선을 지날 때 통과 의례로 치루는 극지여행의 별미 폴라 플런지 행사가 열렸다. 70대부터 열 살 소년까지 자기만의 스타일로 차가운 바다에 뛰어드는 모습에 모두들 환호와 박수를 보낸다.

Polar Bear Swimming으로도 불리는 폴라 플런지는 1904년 보스톤에서 시작되어, 지금은 캐나다, 네델란드, 스코틀랜드, 미국 등에서 크리스마스나 새해 첫날에 연례행사로 이루어진다.

19세기 물개잡이 배들에 의해 발견된 남극은, 1911년 아문센이 남극점에 처음으로 도달하여 노르웨이 국기를 꽂았다. 한 달 뒤 영국 탐험가 스코트가 남극을 정복하고 영국령으로 삼았다.

뒤를 이어 탐험에 성공한 아르헨티나, 칠레, 러시아 등이 남극에 연구기지를 설치한다. 1959년 12개국이 30년간 영유권을 주장하지 않고, 평화적인 과학조사 활동만 보장하는 남극조약을 체결하였다.

1986년 32번째로 남극조약에 가입한 한국은 1988년 킹조지섬에 세종과학기지를 세웠다. 1989년 남극조약 협의 당사국 자격을 획득하여, 2014년에 남위 74도에 장보고 과학기지를 건설하였다. 1998년 환경보호의정서가 체결되어, 50년 동안 남극조약 협의 당사국 간 협력 의무 규정과 남극 광물 자원 개발금지가 선포되었다.

Whalers Bay @ Deception Island

그만하면 되었다

화산 분출로 말발굽처럼 둥그렇게 생겨 유빙과 바람을 막아주는 디셉션섬을 방문하였다. 1820년 팔머 Nathaniel Palmer 에 의해 이름 지어진 천혜의 물개섬에 100척이 넘는 배들이 몰려와 경쟁적인 사냥을 해 물개들이 자취를 감추자 1825년 이 섬은 버려졌다.

1904년 고래시장의 활성화로 담수가 풍부하고 안전한 포구였던 이곳이 다시 사용되었다. 정박 장소가 넉넉했던 디셉션섬은 고래 처리장으로 인기를 얻기 시작하여, 수백 명이 거주하는 웨일러스 베이 Whalers Bay 로 성장하였다.

1908년 선박들이 몰려들자 이곳을 처음 발견해 소유권을 주장했던 영국은, 포구에 정박하는 선박에 면허세와 고래 개체 수 보호를 이유로 쿼터제를 도입하였다. 그러나 정박지가 필요 없는 포경 공장선이 개발되어 고래기름 공급이 넘쳐나게 되자 포경업은 사양 길로 들어서고, 1931년 이 섬은 다시 버려졌다.

1941년 영국은 독일 군수기지로 사용되는 것을 막기 위해 오일탱크들을 함포 사격으로 파괴하였다. 1967년의 화산 폭발로 또다시 버려져, 지금은 남극조약체제 Antarctic Treaty System 로 운영되고 있다.

우수아이아에서 배로 출발하는 남극 투어는 이곳에 도착하여 일정을 마친다. 화산 지열로 섭씨 70도까지 올라가는 핫 스프링스 Hot Springs 해변에서 남극 바다를 즐긴다. 35기의 묘지로 남극에서 가장 큰 공동묘지에서 한 팀원이 누군가의 명복을 빈다.

기상 악화로 오늘 떠나지 않으면 앞으로 3일 동안 비행기가 뜰 수 없다 하여, 마지막 코스인 양키하버 방문을 취소하고 밤새 달렸다. 유빙들의 부딪치는 소리와 높은 파도로 배가 심하게 요동쳤다.

하얀 설산에 묻혀 지냈던 남극 크루즈는 북극 탐험과는 또 다른 감동으로 지낸 귀한 시간들이었다. 인간이 들어와서는 안 될 곳을 들어온 기분이 들던 차에, 남극은 우리에게 "그만하면 되었다" 하며 이제 나가라고 한다.

남극 탐험을 마치고 독일인 허버트 Herbert, 잉그리드 Ingrid 부부와 만찬을 즐기며 석별의 정을 나누었다. 20대부터 세계여행을 다녔던 그들은 지금도 페이스북에 사진을 올리며, 생일은 물론 설날까지 챙겨 카드를 보내는 가족 같은 친구이다.

Magdalena, Patagonia

막달레나 펭귄섬

남미 끝까지 온 김에 연장 투어로 막달레나 펭귄섬으로 가는 길에, 마르타 섬에 가까워지자 젊은이들이 밖으로 나가 쾌속정 지붕에 걸터앉는다. 그들은 마젤란 해협의 거센 바람을 온몸으로 받으며 생동감 넘치는 파타고니아의 야생을 즐긴다.

거친 파도를 넘나드는 물개와 군무를 펼치는 바닷새들을 감상하다 보면 막달레나 펭귄섬에 도착한다. 트레일을 따라 언덕 위 등대까지 올라가면서, 펭귄들의 우렁찬 구애 소리와 짝짓기 모습 등 야생의 생태 전시관을 돌아보았다.

10월 15일부터 4월 15일까지만 개방되는 이 섬에서는, 방문자들을 1시간 이상 머물 수 없게 하여 4만여 쌍의 마젤란펭귄을 보호한다. canales@soloexpediciones.com을 이용하면 4시간짜리 이 투어를 저렴하게 할 수 있다.

펭귄은 남극, 남아메리카, 남아프리카, 뉴질랜드 등 남반구에만 살고 있다. 펭귄으로 불리던 북반구의 큰바다쇠오리가 멸종하자, 유사하게 생긴 남반구의 '펭귄'도 같은 이름으로 불렀다. '흰 머리'란 뜻의 웨일스어 'pen gwyn'과 '뚱뚱한'이란 뜻의 라틴어 'pinguis'에서 왔다는 설도 있다.

2005년 펭귄의 분변활동을 연구한 독일의 마이어 로쇼프Meyer-Rochow 박사는, 인간보다 8배 강한 힘으로 항문에서 분비물을 발사한다는 논문으로 이그 노벨상을 수상했다. 4천만 년 전의 펭귄 화석 분석으로 당시에도 펭귄들은 날지 못했음이 밝혀졌다.

Puerto Natales, Chile

푸에르토 나탈레스, 파타고니아 야생의 전초기지

마젤란 공원 앞 호텔에서 1천 페소[1.5불]를 지불하고 택시로 5분 거리의 페르난데스 버스터미널에 도착하였다. 버스로 3시간 거리의 푸에르토 나탈레스에서 4일을 머무르며, 토레스 델 파이네 국립공원과 모레노, 세라노 빙하를 방문할 예정이다.

푸에르토 나탈레스 버스터미널에서 한 블록 거리에 있는 테마우켄 호텔에 짐을 풀었다. 탁 트인 시야와 성탄절 실내 장식으로 별장 같은 분위기가 나는 목조건물에서는 은은한 나무향이 풍겼다.

북카페에서 점심을 해결하며 부부 예술가의 공방을 둘러보다가 책장에 있는 한글책이 눈에 들어왔다. 자기 책 한 권을 놓고 가는 작가를 부러워하다가, 3년 뒤 《수상한 세계여행》 제1권이 출간되어 여행지마다 한 권씩 남기었다.

파도가 높게 일렁이는 바닷가에서 새끼에게 헤엄을 가르치고 있는 고니가 족들이, 바다 한가운데로 나갔다가 돌아오기를 반복한다. 해안 공원의 예쁜 찻집에서 몸을 녹이며 나탈레스의 정취에 젖어 보았다. 환전은 공항이나 은행보다는 지방 환전소에서 하는 것이 유리하다.

푸에르토 나탈레스 북쪽 26㎞에 있는 밀로돈 동굴 국립기념지는, 1만 년 전에 멸종된 몸길이 3m의 초식동물 밀로돈이 살던 곳이다. 1985년 정착민 Eberhard가 높이 30m, 넓이 70m, 깊이 200m의 이 동굴에서 발견한 밀로돈 미라는 대영 박물관으로 옮겨졌고, 이곳에는 털가죽의 일부와 모조품만 전시되어 있다.

Torres del Paine

토레스 델 파이네 국립공원

'파타고니아'는 마젤란이 이 지역을 탐험할 때 원주민을 지칭하던 전설 속의 거인 '파타곤'에서 유래하였다. 파타고니아는 16세기 마젤란에 의해 발견된 이래 18세기부터 찰스 다윈을 비롯한 동·식물학자들의 연구지가 되었다. 1989년부터 70개의 보호동맹 기업들이 생태계 보호를 위해 애쓰고 있다.

사람이 사는 육지로서는 최남단으로 죽기 전에 꼭 한 번 보아야 한다는 바람의 땅 파타고니아에서, 원시 자연의 속살을 볼 수 있는 토레스 델 파이네 국립공원을 찾았다. 가는 길에 딸을 데려다가 고된 목장일을 시켜 장모 눈치를 보던 가우초 사위가, 만지면 가시에 찔려 장모방석이라 불렀던 관목들이 눈에 많이 띄었다.

몸길이 120~220㎝, 몸무게가 100~120㎏인 낙타과의 야생 라마 과나코는 온순하여 가축으로 기르기도 한다. 과나코들이 풀을 뜯고 있는 초원을 지나, 방문자 센터에서 두 사람 입장료로 30불을 냈더니 거스름돈 2불을 무거운 칠레 동전으로 한 움큼 준다. 1달러를 충분히 준비하는 것도 여행의 팁이다.

파이네 국립공원에는 하늘에 닿을 듯 솟아있는 세 개의 봉우리 Torre Sur 2,850m, Central 2,800m, Norte 2,600m 들이 장엄한 모습을 연출한다. 호수를 배경으로 푸른색 단층지괴 Massif 와 파이네 혼 Paine Horn 이 어우러진 풍경은 눈물이 날 정도로 아름답다. W트래킹으로 가까이 접근하면 비경이 주는 감동을 더 많이 받을 수 있다.

살토 그란데Salto Grande 폭포로 가는 길에는 폭포에서 솟아오른 안개비와 풍성한 야생화들이 한 폭의 그림처럼 펼쳐진다. 오른쪽으로 파이네산 정상을 장식하는 거대한 뿔 모양의 혼이 환상적인 모습으로 다가온다.

페호에 호수에서 점심시간을 절약하여 뷰포인트로 이어지는 트레일을 따라 올라갔다. 야생화와 장모방석이 가득한 언덕에서, 설산을 배경으로 호수가 만들어내는 절경을 감상하였다.

6명만 오를 수 있는 현수교를 건너 숲길과 모래사장을 지나 그레이 호수에 도착하였다. 그레이 글레이셔에서 분리되어 떠내려온 유빙들이 보이는 이곳은 항상 강한 바람이 불어 윈드재킷과 선글라스가 꼭 필요하다.

Perito Moreno Glacier, Argentina

페리토 모레노, 남미 최대 빙하

3년 전 이구아수 폭포 방문을 위해 160불에 받은 10년짜리 입국허가서로 아르헨티나의 남미 최대 모레노 빙하에 들어갈 수 있었다. 나탈레스에서 1시간 북쪽 카스티요 Castillo 칠레 출입국 관리소에서, 왼쪽으로는 파이네 국립공원 가는 길이고 오른쪽으로는 아르헨티나가 나타난다.

칠레 출국 신고를 마치고 2㎞쯤 가서 차에서 내려 1시간가량 줄을 서 기다린 끝에 여권에 스탬프를 받고 아르헨티나로 들어섰다. 오전 7시 출발하여 4시간 만에 엘 카라파테에 도착, 대부분의 승객들은 내리고 투어팀만 남았다.

1시간 더 모레노로 가는 중에 합류한 현지 가이드가 공원 입장료 등을 걷으며 환전도 해 준다. 로스 그라시아레스Los Glaciares 국립공원 안에 있는 모레노 빙하 입장료는 260페소이고, 배로 빙하 가까이 접근하는 사파리는 200페소이며 아르헨티나 페소만 받는다.

세계적으로 빙하가 줄어드는 추세에도 이 빙하는 팽창하여 하루 2m의 빠른 속도로 흘러 내려온다. 세계 최대의 유동빙하 끝에서 일어나는 빙하 침식Glacier Carving 현상으로, 천둥소리와 함께 거대한 빙하 조각이 떨어진다.

야생화들이 활짝 핀 나무계단 트레일로 길이 30㎞×폭 5㎞×높이 70m의 하얀 거인을 돌아보았다. 1877년 아르헨티나 탐험가 프란시스코 모레노에 의해 발견된 이 빙하는 이구아수 폭포, 마추픽추와 함께 남미 최고의 관광 명소이다.

오후 5시 푸에르토 나탈레스로 돌아오는 길에 차창 밖 호수에는 홍학들이, 들판에는 타조보다 작은 냔두 등이 보였다. 아르헨티나 출국 관리소에서 1시간을 기다려 수속을 마치고 문 닫기 직전에 칠레 입국장을 통과하였다.

밤 10시가 지나자 황금빛 석양이 어둠 속으로 사라진다. 아침 6시에 호텔을 나와 밤 11시에 돌아오는 1일 투어 대신, 엘 카라파테에서 1박 하며 빙하 트래킹도 하면서 여유 있게 다녀오는 것을 추천한다.

Serrano Glacier Cruise, Chile

세라노 빙하 크루즈

1557년 마젤란이 태평양으로 나가는 해협을 찾기 위해, 마지막 희망으로 항해하였던 울티마 에스페란자 피오르의 세라노 빙하 투어에 나섰다. 호텔을 돌며 승객들을 태운 승합차는 포구에 우리를 내려주고 돌아갔다.

크루즈에서 발마세다 빙하의 절경과 폭포들을 감상하며 세라노 빙하를 향해 올라갔다. 거센 바람과 파도를 피해 피오르 절벽 위에 빼곡히 앉아 있는 새들과 바위 위에 몸을 피한 물개들이 보인다.

배에서 내려 각종 희귀식물이 가득한 베르나르도 오이긴스 국립공원 트레

일로 세라노 빙하까지 걸어 들어갔다. 하루에 4계절이 나타나는 이곳을 돌아 나오는 길에 바람이 거세지자, 나무들이 서로 부딪히며 피리 소리를 낸다.

크루즈에 다시 올라 빙하 칵테일 한 잔으로 추위를 녹이며 에스탄시아 페랄레스 Estancia Perales 목장으로 갔다. 따뜻한 수프로 허기를 달래며 빨간 가우초 모자를 쓴 주방장이 만든 아사도 요리를 기다렸다. 테이블 숯불 위에서 지글거리는 여러 종류의 고기들로 푸짐한 점심을 즐기었다.

파도가 갑판을 치고 넘어 창문을 때리는 거친 해협을 빠져나와 호텔에 도착해보니, 예약된 8시 대신 6시 반 버스를 탈 수 있는 시간이 되었다. 타고 왔던 차로 버스 터미널로 돌아와, 밤 10시쯤 푼타아레나스의 호텔에 도착하였다.

Santiago

산티아고, 남극과 파타고니아 여정의 끝

1886년 포르투갈 사업가 호세는 칠레 역사상 가장 넓은 1백만ha를 임대받는다. 그는 미모의 러시아 출생 부인 사라 브라운Sara Braun과 그녀의 남동생을 매니저로 두어 목축업으로 거부가 된다.

부인의 외도에 스트레스를 받던 호세가 6년 만에 자녀를 남기지 못하고 죽자, 사라는 전 재산을 물려받는다. 푼타아레나스에 있는 그녀의 저택 사라 브라운 궁전에는 호텔과 남극 탐험 디너 파티를 가졌던 고급 식당도 있다. 벽면은 남극 탐험을 시도했던 영웅들의 자료로 가득 채워져 있다.

시골학교 여교사로 1945년 노벨문학상을 받은 가브리엘라 미스트랄 Gabriela Mistral의 전시회를 돌아보았다. 그녀는 1971년 노벨상 수상자인 네루다와 함께 칠레의 문학을 세상에 알린 인물이다.

살레시안Salesian 박물관에는 원주민들이 사람답게 살도록 헌신하였던 신부의 이야기가 있다. 이곳 사람들은 전신 타투와 무서운 가면이 다른 종족과의 전쟁보다는, 부족의 약자들을 폭력으로 지배하기 위한 수단으로 이용하였다고 한다.

푼타아레나스로 들어올 때 15불 하던 택시가 나갈 때는 공항까지 10불을 받는다. 안데스산맥을 따라 산티아고Santiago까지 올라가는 동안 만년설 봉우리들이 나타났다. 설산 고봉은 어느 때든 폭발할 기세로 연기를 분출하며 태고의 모습을 보여준다.

산티아고 공항에 도착하여 가방을 맡기고 시내버스로 종점에 내려 모네다 궁전으로 갔다. 성탄절 전날 오후 3시 모네다궁 문화센터는 문만 열어 놓은

채 직원은 보이지 않는다. 섭씨 27도가 넘는 날씨에 민소매를 입고 다니는 이곳에서 크리스마스 캐럴이 어색하게 들린다.

1972년 세계 처음으로 선거로 등장한 아옌데[1908~1973]의 사회주의 정부가 반시장경제 정책을 펴자, 다국적 기업들이 투자를 끊고 미국도 칠레의 주 수출품인 구리 가격을 하락시켜 경제가 어려워진다.

1973년 외환보유고가 고갈되자 채무 디폴트를 선언한 칠레는, 500%의 인플레이션을 해결하기 위한 임금 인상과 물가동결 조치로 고용주와 노조들의 강한 반발에 직면한다.

의사였던 그는 사회주의국가 건설을 시도하였으나 3년 만에 권력을 잃고, 궁에서 전투기 폭격을 받아가며 버티다가 권총으로 자살한다. 모네다궁 앞 아옌데 대통령 동상 앞에는 붉은 꽃잎들이 떨어져 있다.

쿠데타로 대통령이 된 육군 참모총장 피노체트[1915~2006]는, 시카고대 출신 칠레 경제학자들시카고 보이즈을 기용하여 친시장경제 정책을 편다. 그는 노벨 경제학상 수상자 프리드먼으로부터 '칠레의 기적'이라 칭송받았다.

'피의 독재'라는 별명이 붙은 17년간의 피노체트 군사 독재로 수천 명의 사망자와 실종자가 발생했다. 탄압 대상에는 칠레 공산당과 사회당 인사, 공산당계 테러조직과 아옌데 정권 공직자들이 포함되었다.

1991년 선거에서 패한 그는 영국으로 망명하였으나 1998년 체포된다. 2000년 건강 사유로 석방되어 칠레로 귀국하자, 그를 가택 연금한 칠레 사법부는 300건의 범죄로 기소했으나, 2006년 사망으로 처벌은 행해지지 못했다.

2006년 91번째 생일에 피노체트는 부인이 대독한 연설문에서 "나의 죽음이 다가오고 있는 오늘, 누구에게도 원한은 없으며 무엇보다도 나의 조국을 사랑한다. 그동안 행해졌던 모든 것에 대해 내가 책임을 지겠노라."라고 전했다.

남아메리카, 야생의 땅 ②

South America

Amazon Rainforest, South America

아마존 우림, 지구의 허파

남아메리카 아마존 분지의 80%를 차지하는 아마존 우림은 남미의 아마존강 유역에 있는 상록 활엽수 지역이다. 이 우림은 브라질 60%, 페루 13%, 콜롬비아 10% 등 남미 9개 국가에 걸쳐 있다.

지구 열대우림의 절반 이상을 차지하는 아마존 우림은 지구 산소의 20% 이상을 생성하여 지구의 허파로 불린다. 이곳에는 아나콘다와 악어 등 지구상 동식물의 10% 이상이 서식하며 1만6천 종 이상의 나무가 자란다. 최근에 이르러 식용이나 가축 사료로 대두 등 농작물 재배를 위해 매년 17만㎢의 열대림이 파괴되고 있다.

안데스산맥에서 발원한 아마존강은 대서양 하구까지 1㎞당 1㎝의 낙차로 느리게 흘러내린다. 매일 쏟아지는 강수량을 견디지 못하고 뱀처럼 휘어져 있는 강굽이마다 사금선들이 안데스산에서 내려온 사금을 채취하고 있다.

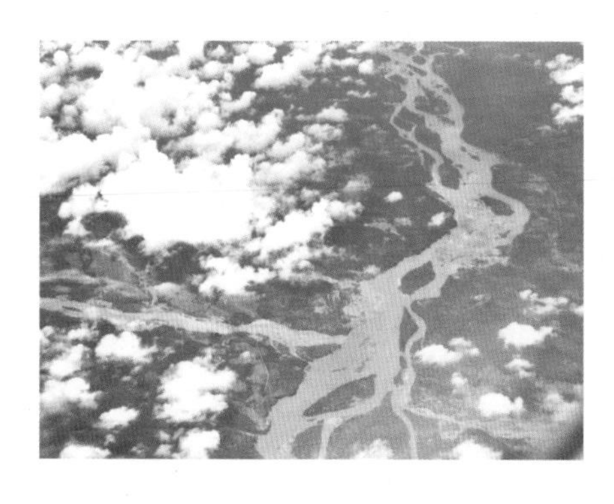

해발 4,000m가 넘는 안데스산맥과 아마존강을 끼고 끝없이 펼쳐지는 밀림에서는, 구름이 안개처럼 피어올라 다시 비로 내려 밀림을 더욱 밀림답게 만든다. 세계 4대 문명이 발생한 나일, 유프라테스, 인더스, 황허강보다 훨씬 더 큰 아마존강에서는, 인간이 강의 지배를 받고 있어 인류 역사에 남을 문명이 싹틀 수 없었다.

Puerto Maldonado, Peru

푸에르토 말도나도, 아마존 정글체험

공중도시 마추픽추와 황금의 나라 유적들을 돌아보기 위해 리마에서 여정을 시작하였다. 쿠스코를 거쳐 아마존강의 두 지류가 합류하는 곳에 형성된 인구 8만여 명의 항구도시 푸에르토 말도나도에 도착하였다.

정글 투어의 출발기지인 여행사 사무실에 큰 짐을 맡기고, 하루 저녁 밀림에서 자는데 필요한 물건들만 배낭에 챙겼다. 폭이 좁고 긴 쪽배에 한 사람씩 양쪽으로 균형을 맞추어 앉았다.

모터를 정착한 배는 1시간여 황토색의 아마존강을 내려와 에코 아마조니아 로지Lodge에 도착하였다. 방갈로는 우기 범람에 대비하고 파충류들이 기어오르지 못하도록 1m 높이의 기둥에 타르가 칠해져 있지만, 가끔 뱀들이 나무 위로 올라가 지붕 위로 떨어져 방으로 들어오기도 한다.

아마존 동식물의 이름이 붙여진 방갈로는 상단부가 망창으로 둘러싸여, 방에서 별을 보며 정글의 소리도 들을 수 있다. 밤 10시부터 전기와 더운물이 끊겨 자연스럽게 문명 세계에서 해방된다.

원숭이섬의 모기에 대비하여 모자와 스카프 그리고 긴소매 상의와 바지 등으로 무장하였다. 11월부터 3월까지 우기인 이 밀림 속 트레일은 장화 위로 넘쳐 들어올 만큼 흙탕물이 차 있다. 원숭이들이 방문객들의 어깨 위에 뛰어내려 사진모델이 되어준다. 숙소로 돌아오는 배 위에서 환상적인 아마존의 석양을 맞이하였다.

엔진을 끈 채 풀벌레 소리만 들리는 배 위에 누워, 쏟아져 내리는 은하수와 난생처음으로 남십자성을 감상하였다. 손전등으로 악어의 반짝거리는 두 눈을 찾아보았으나 불어난 강물로 자취도 보이지 않는다. 아마존강 상류로 올라올 때는 내려올 때보다 1시간 정도 더 걸린다.

Cusco

쿠스코, 세계의 배꼽

콜롬비아에서 시작한 안데스산맥이 페루에서 두 갈래로 갈라졌다가 다시 합쳐지는 배꼽 부분 해발 3,400m 지점에 쿠스코가 있다. 12세기 초 잉카족은 이곳을 세계의 중심으로 믿고, 에콰도르와 칠레 그리고 볼리비아를 아우르는 지역에 문명의 꽃을 피웠다.

파차쿠티1418~1471는 33년 동안 쿠스코를 수도로 하여 잉카 제국의 전성기를 만든 9대 황제이다. 아르마스 광장을 중심으로 파차쿠티 동상을 받들고 있는 분수대와 로레토 거리를 돌아보았다. 돌과 돌 사이에 각을 만들어 끼어 맞추듯이 지은 황궁의 건물들은, 진흙 등 접착제를 사용하여 지은 일반 건물과 쉽게 구분된다.

황제 14명 중 4명이 살았던 궁전터에서는 복원공사가 한창이다. 왕이 되면 자신의 무덤인 피라미드부터 먼저 만들었던 이집트 파라오들과는 달리, 잉카 황제들은 다시 태어났을 때 살 궁전을 지었다.

스페인 정복자들은 잉카의 태양신전 코리칸차를 헐어버리려 했으나, 구조가 너무 견고하여 일부만 허물고 그 위에 산토도밍고 성당을 지었다. 잉카의 우주관을 보여주는 황금판에는 태양신과 X로 표현된 천둥과 번개 등이 새겨져 있다.

이 신전은 레고처럼 끼어 맞춘 돌에 청동 꺾쇠를 박아 대지진을 견디어 냈다. 어린 소녀의 심장을 꺼내 색깔이나 핏줄의 건강도로 그해 농사나 전쟁의 길흉을 예언했던 인신공양 제단도 보인다.

전통식당에서 식사를 하는 동안, 악사들은 우리 귀에 많이 익은 〈엘 콘도 파사 El Condor Pasa〉 등의 민속음악을 흥겹게 연주한다. 안데스 고산지대에서 살아온 원주민들은 희박한 산소량 때문에 심장이 크고 키가 작은 것이 특징이다. 페루 정부는 해발 2,500m 이상에서는 축구를 하지 못하도록 법으로 정해 놓았지만, 이곳 사람들은 훨씬 더 높은 지역에서도 축구를 즐긴다.

높은 산맥으로 육로 개통이 어려운 페루는 자국민들에게 외국인 요금의 절반 이하의 항공수단을 제공한다. 규모가 작고 안개가 자주 끼어 야간 이착륙이 불가능한 쿠스코 공항은, 2025년 야간 유도등을 갖춘 신공항으로 대체된다. 그 예정지인 해발 3,800m의 초원에는 노란색과 보라색의 감자꽃이 아름답게 피어있다.

Sacsayhuaman

삭사이와만, 하늘 요새

'배부르게 먹는 매'라는 뜻을 가진 삭사이와만은 퓨마의 이빨 형상으로 파차쿠티 황제에 의해 만들어졌다. 고구려 성벽의 '치[雉]'를 닮은 이 성에는 적들이 사다리로 오를 때 측면에서 적을 공격할 수 있는 22개의 돌출시설이 있다. 철과 수레가 없던 시절, 50㎞ 떨어진 돌산에서 옮겨온 2~300톤의 큰 돌로 7m의 기단을 만들고 그 위에 작은 돌로 2단과 3단을 쌓았다.

왕자 간의 왕권 다툼으로 국력이 쇠약해진 잉카 제국은 피사로[1478~1541]

의 침공을 받는다. 파차쿠티의 증손자 아타알파와는 6천 명의 군사로 대항하다가 피사로군의 계략에 넘어가 포로로 잡힌다. 몸값으로 자신이 갇혀있는 방 크기만큼의 황금을 넘겨주었으나 결국 처형된다.

황제의 처형 소식에 잉카의 군사들이 이 요새에 집결하여 창과 활로 항전을 펼쳤으나, 총을 가진 178명의 스페인 침략자들을 당해내지 못한다. 제국의 부활을 꿈꾸었던 4명 황제의 노력에도 불구하고 1532년 역사 속에서 사라져, 삭사이와만의 석조물들은 성당과 잉카인들의 담장 자재로 쓰였다.

부족국가 시절부터 농사짓기 좋은 땅은 모두 왕의 소유로, 소득의 절반을 세금으로 바쳤던 백성들은 산 위에 밭을 만들어 부족한 살림을 보태야만 했다. 이 일은 스페인 통치 시절에도 반복되어 해발 4,000m 안데스산맥은 온통 계단식 밭으로 뒤덮였다. 안데스는 계단식 밭 'Anderes'에서 유래된 말이다.

하늘의 콘도르와 땅의 퓨마, 지하의 뱀을 숭배했던 잉카인들은, 스페인 지배 시절에도 지붕 위에 진흙으로 빚은 형상들을 올려놓았다. 가톨릭 사제들은 이를 우상으로 여겨 제거하는 대신 그 사이에 십자가를 높이 세우게 했다.

수목 한계선 해발 2,500m 이상의 높은 산에 광고판이 보인다. 전통술 치차는 옥수수를 씹어 침으로 발효시켜 만든 술이었지만 지금은 옥수수 엿기름과 주정으로 대량 생산한다. 특별한 날에 기니피그를 잡아 머리와 꼬리가 있는 상태로 구이 요리를 한다.

Inca Trail

잉카 트레일

마추픽추로 가는 가장 일반적인 방법은 쿠스코에서 기차로 아구아스 칼리엔테스까지 간 다음, 버스를 타고 매표소가 있는 산을 올라 정문으로 들어가는 코스이다. 또 다른 방법은 잉카인들이 걸었던 옛길 45㎞를 가이드와 함께 하는 3박 4일의 산악코스이다. 텐트와 취사도구 등을 짊어진 잉카의 후예 포터들과 그들의 조상들이 걸었던 전통적인 잉카 트레일에서 감동과 희열을 느낄 수 있다.

쿠스코에서 마추픽추까지 80㎞는 기차로 4시간 만에 갈 수 있다. 좀 더 다양한 풍경을 보기 위해 우루밤바에서 일박하고 오얀타이탐보에서 기차에 올랐다. 이 페루 열차 노선은 칠레가 설치한 철도 위에 영국의 오리엔트 익스프레스가 운영하는 통유리 전망차로 스낵과 음료가 무료로 제공된다.

우루밤바의 '우루'는 케추어로 '진흙'이란 뜻이고 '밤바'는 '강'이라는 뜻이다. 힘차게 흐르는 강을 끼고 계곡으로 올라가는 기차는 마추픽추 쪽에서 내려오는 기차와 교차하기 위하여 정차한다. 그때마다 원주민 아이들이 몰려들어 관광객들이 던져주는 스낵을 필사적으로 낚아챈다. 스낵을 던져주지 말라는 방송이 계속 나왔지만, 이제 이런 풍경은 이 간이역의 일상이 되었다.

스페인이 들어온 후 초기 100여 년 동안 그들이 가져온 전염병 등에 의해 원주민의 인구는 절반으로 줄었다. 300년 식민기간 동안 인구의 40% 정도가 원주민과 유럽계의 혼혈인 메스티소가 되었다.

협곡의 종착역 아구아스 칼리엔테스에서는 잉카음악이 흐른다. 거리의 악사들이 대나무를 엮어 만든 삼포냐 Zampona 와 통기타 비슷한 차랑고 Charango 그리고 피리같이 생긴 케나 Quena 등 전통악기를 연주한다.

1만 년 전부터 남미 사람들은 야생동물을 길들여 알파카의 털로 옷을 만들어 입고, 야마로부터는 단백질을 얻고 짐도 나르게 하였다. 고원에서도 재배 가능한 옥수수와 감자 등의 농업기술을 개발하여, 1천만 명으로 추정되는 백성들이 배불리 먹었다.

300종류의 안데스 감자는 유럽으로 건너가 빵과 함께 주식이 되었다. 추뇨Chuno는 안데스고원의 찬 공기에 냉동 건조한 감자의 껍질을 벗겨 햇볕에 말린 건조식품이다.

1438년 창카족과의 전쟁을 승리로 이끈 왕자 파차쿠티는, 도주한 아버지를 폐위시키고 스무 살에 황제가 된다. 남미의 알렉산더 대왕이라 불릴 만큼 강력한 제국을 건설하여 100년 동안 지속한 잉카의 황금시대를 열었다.

2007년 마추픽추는 중국의 만리장성, 브라질의 거대 예수상, 멕시코의 치첸이트사, 로마의 콜로세움, 인도의 타지마할, 요르단의 페트라와 함께 '신세계 7대 불가사의'로 선정되었다. 기반암이 없이 흙 위에 세워진 대신전 일부분이 무너지자 하루 입장 인원이 2,244명으로 제한되었다.

Machu Picchu

마추픽추, 잃어버린 도시

우루밤바강에서 수직으로 450m 절벽 위에 있는 마추픽추는 태양의 문을 통과하여 쿠스코까지 직통으로 연결된다. 절벽에 걸쳐진 또 다른 길의 잉카식 밧줄 다리를 끊으면 두 길 모두 쉽게 차단할 수 있어 방어가 용이한 요새 도시이다.

비포장 비탈길을 지그재그로 열세 번 올라 매표소에서 여권을 제시하고 입장권을 산다. 가파른 길을 10여 분 걸어 숨이 턱에 닿을 즈음, 아래에서는 보이지 않던 마추픽추가 눈 앞에 펼쳐진다.

마추픽추는 1911년 예일대 교수 빙엄Hiram Bingham에 의해 발견되었다. 쿠스코가 점령되자 후퇴한 잉카인들이 수도로 세웠다는 빌카밤바를 찾던 중 발견되어, 400년의 긴 잠에서 깨어난 것이다.

> "이 도시의 매력과 마법은, 세계의 그 어떤 곳과도 비교할 수 없을 것이다. 눈 덮인 산봉우리가 구름을 굽어보고, 다채로운 색깔의 절벽들이 깎아지를 듯이 솟아올라 도시를 비추고 있다. 나무와 꽃들이 만발하고, 정글의 아름다움이 깃들어 있다."
>
> 〈하이람 빙엄, 1911년〉

'잃어버린 도시'의 이미지로 잉카를 상징하는 마추픽추는 1450년대 파차쿠티에 의해 지어져 80년 동안 궁전으로 사용되었다. 1천여 명의 주민들은 수백 개가 넘는 계단식 밭에서 식량을 공급받아 풍족한 식생활을 유지하였다.

마추픽추는 해발 2,600m에서 2,200m까지 5.5㎢에 펼쳐져 있다. 신령한 안데스 산봉우리들을 바라보며 숨을 거두었던 장례 바위와 그 아래 잉카 시대의 곡물창고였던 콜카Qollqa들이 보인다.

파차쿠티는 공사에 동원된 인부에게 식량을 나누어주고 이웃 부족에게도 교역의 형식으로 식량을 제공하였다. 그는 이러한 정책으로 주위 부족을 흡수하여 몇십 년 만에 80여 개의 속국을 거느린 남북 4,000㎞의 대제국을 건설할 수 있었다.

'늙은 봉우리'라는 뜻의 마추픽추와 능선으로 잇대어 마주보고 있는 와이나픽추는 '젊은 봉우리'라는 뜻이다. 그곳에서 콘도르가 힘차게 나는 모습으로 건설된 마추픽추를 한눈에 내려다볼 수 있다. 해발 3,000m의 와이나픽추를 보호하기 위하여, 새벽 7시에 200명과 10시에 200명만을 입장시킨다.

잉카인들은 마추픽추와 와이나픽추 사이 능선에 신전과 주거지가 무너져 내리지 않도록 축대를 쌓았다. 절벽에서 흘러나온 물은 수로를 통해 먼저 750m 떨어진 황제 급수대로 떨어진다. 남은 물은 계단식 밭 등에 골고루 흘러가게 하였다.

황제는 높은 언덕 위 해시계 Intihuatana 제단에서 태양을 기둥에 묶는 의식으로, 하지나 동지 때에 태양이 너무 가까이 혹은 멀리 가지 못하게 하였다.

안개가 짙게 낀 날에도 방위석으로 동쪽을 향해 제사를 지냄으로써 태양의 아들임을 과시하였다.

중앙 광장을 중심으로 동쪽 신전 구역에는 태양의 신전과 해시계 등이 있고, 조금 낮은 서쪽 주거지에는 귀족들이 경사면 위에 줄을 지어 살았다. 이곳에는 200여 개의 건축물이 있다.

거대한 바위 위에 있는 태양의 신전Templo del Sol에서 황제는 창문으로 들어오는 빛의 길이로 농작물 파종 시기를 알려 주었다. 동굴에 벽감과 계단을 만들고 상감을 박아 땅의 어머니 파차마마를 모셨다. 그들은 콘도르 신전 부리 부분에 희생 제물의 피를 뿌려 제사를 지냈다.

2층 구조의 건물 층 사이에 널빤지를 깔았던 버팀목이 보이고, 옆으로는 2층으로 올라가는 계단도 있다. 들풀로 엮어 만든 지붕이 비바람에 날아가지 않도록 건물 몸체에 묶어놓은 돌 거치대가 인상적이다.

Lima

리마, 남미의 관문

태평양 연안에 피사로가 건설한 수도 리마는, 엘니뇨 현상 등으로 습도는 높으나 구름을 형성하지 못하는 사막성 건조기후대에 속한다. 뿌연 안개가 안데스산맥에 걸쳐 있다가 새벽에 마른 풀잎 위에 이슬로 맺힌다. 잉카 제국의 서글픈 역사를 보여주듯 맺혀있는 이슬을 잉카의 눈물이라 부른다.

아르헨티나의 독립운동을 돕던 산 마르틴1778~1850은 북쪽으로 올라와 1819년 칠레를 독립시킨다. 1821년 시몬 볼리바르1783~1830와 함께 스페인으로부터 페루를 독립시켜 초대 대통령이 된다. 산 마르틴 광장에는 국부로 추앙받는 그의 동상이 서 있다.

아르마스 광장에는 스페인을 상징하는 사자가 잉카의 상징인 뱀과 퓨마와 콘도르 위에 타고 앉아 있는 형상으로, 물을 뿜어내고 있는 청동 분수가 있다. 분수 뒤 남미 최초의 리마 대성당에는 피사로의 미라가 안치되어 있다. 페루사람들은 피사로는 좋아하지 않지만 스페인에 대해서는 호의적이다.

1500년 원주민들을 스페인 신민으로 인정하는 이사벨 여왕의 조치로, 인디오를 가톨릭으로 개종시키는 대신 그들의 노동력을 무상 사용하는 엔코미엔다 제도를 실시하였다. 많은 인디오들이 광산에서 희생되자 1542년 이 제도는 폐지되었다.

정복자들은 6개월에 한 번씩 볼리비아 포토시 광산 등에서 생산된 금과 은을, 리마에서 카리브해를 거쳐 스페인 세비야로 운반하였다. 1622년 키웨스트 앞바다에 침몰한 운송선이 1985년 Fisher에 의해 인양되었다. 그때 나온 보물이 4억 달러어치로 키 웨스트의 멜 피셔 마리타임 박물관에 일부가 전시되어 있다.

미겔 가요가 40년 동안 모아놓은 무기와 황금 유물이 있는 리마 황금박물관에는, 기원전의 티와나쿠 문명과 7세기까지 존재했던 모체 문명 등 잉카 이전 유물들이 전시되어 있다. 1층의 세계 무기 박물관과 지하 1층의 황금박물관을 돌아보며 당시 페루의 부유함을 가늠해 볼 수 있다.

1993년 밸렌타인데이에 조성된 사랑의 공원Parque del Amor은 키스하는 연인상 '더 키스'로 유명해진 곳이다. 스페인 바르셀로나 구엘공원을 벤치마킹한 타일 모자이크가 눈길을 끈다.

인구 3,200만, 국민소득 1만여 불로 남미의 중위권에 속하는 페루의 대도시 주변에는 빈민가들이 많이 보인다. 헐값으로 광야를 분양받은 땅 주인이 가건물을 짓고 세금을 내며 기다리는 동안, 어느 정도 사람이 모여 살면 정부에서 수도와 전기를 공급하고 길을 놓아 준다.

Paracas

바예스타섬과 사막 버기투어

알래스카에서 칠레 남쪽 끝까지 25,600㎞를 이어주는 지구상에서 가장 긴 팬아메리칸 하이웨이를 달려, 리마를 출발한 지 4시간 만에 파라카스 항구에 도착하였다. 40인승 쾌속 보트에 올라 남태평양의 짙푸른 물살을 가르며, 페루의 갈라파고스라 불리는 바예스타섬으로 향하였다.

작은 섬에 촛대처럼 보이는 선인장 그림 칸델라브라Candelabra가 보인다. 몰몬교도들이 이 그림을 우상으로 여겨, 50㎝ 두께의 흙으로 덮었으나 강한 바람에 의해 다시 나타났다고 한다.

파라카스 해안은 남극의 한류와 적도에서 내려오는 난류가 만나 다른 어장보다 3배 이상의 어획고를 올리는 황금어장이다. 기원전 8세기부터 이곳에서는 목화 농사를 중심으로, 금속의 녹과 식물의 즙을 이용해 천연염료를 만드는 섬유 산업이 발달하였다. 미라에서 발견된 뇌수술 흔적은 고도로 발전한 파라카스 문명을 보여 준다.

30여 분만에 도착한 섬에서 갈매기와 가마우지, 물개 등과 함께 파도 소리가 연출하는 자연의 즉흥 환상곡을 감상하였다. 제1차 세계대전 동안 화약의 원료로 사용되었던 새의 배설물은, 지금은 비료와 화장품 등의 원료로 수출된다.

기이한 형상의 바위와 새들의 군무를 즐기며 30여 분 섬 주위를 돌던 보트는 아치 바위

를 지나 생명력 넘치는 섬을 빠져나왔다. 남획으로 물고기 개체 수가 줄어들자 새들과 물개들이 먼 태평양 섬으로 사라졌으나, 당국의 여러 가지 조치로 회복되어 칠레의 명소가 되었다.

파라카스를 나와 내륙으로 75㎞를 달려 이카 근교에 있는 오아시스 마을에 도착하였다. 기원전 800년 전부터 700년 동안 파라카스 문화의 중심지이었던 이카는, 건조하고 황량한 사막에 자리 잡고 있다.

버기카Buggy Car로 사막을 달리기 위하여, 피터 오틀 주연의 1962년 영화 〈아라비아 로렌스〉에 나오는 인물처럼 선글라스와 스카프로 얼굴을 가렸다. 미세한 모래에 카메라가 손상될 수도 있지만 계속 나타나는 비경에 촬영을 멈출 수 없었다. 샌드카가 언덕에 올랐다가 떨어질 때마다 온몸에 스며드는 짜릿함에 비명이 저절로 나왔다.

높은 언덕에서 샌드보드 위에 엎드려, 양팔을 보드 안에 넣고 두 발을 살짝 벌려 브레이크 삼아 미끄러져 내려간다. 까마득한 모래언덕에 약간 겁이 났으나, 시간이 지날수록 사막과 모래는 포근하게 다가온다.

Nazca Line

나스카 지상화

태평양과 안데스산맥 사이에 있는 나스카Nazca 평원은 연간 강수량이 10㎜도 안 되어 풀 한 포기 찾아보기 힘든 곳이다. 1천㎢가 넘는 대지 위에 그려진 지상화를 보기 위하여 나스카를 찾았다.

발굴된 도자기의 탄소 연대 측정으로 기원전 100년부터 800년 동안 살았던 나스카 사람들의 것으로 판명되었다. 나스카 문명 초기 도자기의 동식물 문양들이 몇백 년 후에는 사막 위에 엄청난 크기로 새겨졌다. 바다의 신 범고래, 비를 상징하는 거미, 아마존 정글을 나타내는 원숭이와 이리저리 얽힌 수천 개 직선들이 그것이다.

1만 년 전 식물이 살았던 습한 이곳이 2천 년 전부터 사막으로 변하였다. 400년경부터 지독한 가뭄으로 농사와 도자기 생산이 어려워지자 나스카족은 '푸키오'라는 지하 우물을 만들었다. 가장 귀한 것으로 신을 감동시켜 물을 얻어야 했기에, 때로는 존경받는 지도자가 자진하여 희생제물이 되기도 하였다.

나스카족은 그런 희생 없이 할 수 있는 최선의 방법으로, 비와 풍요를 의미하는 바다 생물을 땅에 묻고 제사를 지냈다. 또한 종교적 의식으로 설계도에 따라 검은색의 표면 점토를 걷어내어 하얀색의 나스카 라인을 그렸다.

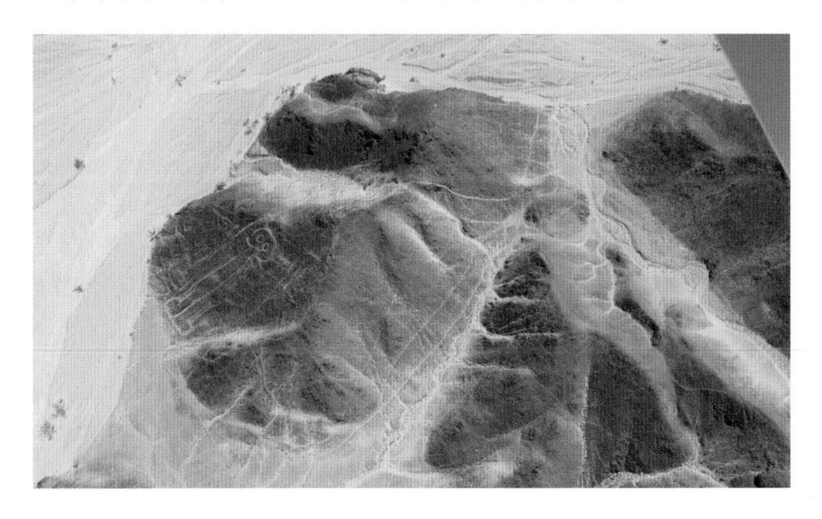

12인승 경비행기로 2만여 명의 나스카족이 살고 있는 좁고 긴 계곡 위를 날아올랐다. 비행기는 오른쪽과 왼쪽으로 번갈아 기울이며 승객들에게 골고루 볼 수 있는 기회를 준다. 30분 동안의 선회로 멀미 증세가 나타나면, 승무원은 옥시풀이 묻어 있는 솜을 코에 대어 회복을 돕는다.

팬아메리칸 하이웨이 선상, 3층 높이의 전망대에서 볼 수 있는 지상화는 몇 점에 불과하다. 한 거대한 지상화는 1920년 하이웨이 건설 때 두 동강이 났다. UFO 활주로라고 상상했던 나스카 라인의 기하학적 문양과 거대한 동물 그림은 경비행기로만 온전하게 볼 수 있다.

Charles Darwin RS Galapagos

갈라파고스에 입도하다

에콰도르 서쪽 1,000㎞ 거리의 태평양에 있는 갈라파고스 제도에 들어가기 위해서는, 키토공항에서 20불에 TCC를 사서 짐 검사와 봉인을 받아야 한다. TCC Transit Control Card 는 육지의 다른 종이 유입되는 것을 방지하는 시스템이다.

과야킬을 거쳐 갈라파고스의 발트라섬에 도착하여 100불의 입도비를 현찰로 지불한 후, 옆 창구에서 5불 하는 버스표도 함께 샀다. 짐들을 한 곳에 펼쳐놓고 승객들이 보고 있는 가운데 마약견들이 냄새를 맡으며 검사하는 진풍경이 펼쳐진다.

10분 정도 배를 타고 산타크루즈섬으로 건너오니 푸에르토 아요라로 가는 버스들이 기다린다. 30분 만에 호스텔에 도착하여 3박 숙박비 150불을 지불하고 투어를 예약하였다. 주민 2만 명의 갈라파고스 제도에는 매년 20만 명이 넘는 관광객이 찾는다.

온라인에서 325불인 바톨로메섬 투어를 현지에서 싸게 예약하려 했으나 180불 하는 이 투어는 한 달 이후까지 매진되었고, 두 번째로 인기 있는 시모어 북섬 티켓도 몇 자리 남은 중에 겨우 구할 수 있었다.

남미 여행 시 큰 호텔에서는 3%의 수수료로 신용카드를 받기도 하나, 대부분 호텔이나 투어는 현찰만 받기에 충분히 준비하는 것이 좋다. 하루 200불만 인출되는 ATM의 수수료는 5불이다.

입장료가 없는 찰스 다윈 연구소는 오전 8시~12시, 오후 2시 반~5시 반까지 문을 연다. 1835년 다윈 시절에 살았던 대형 거북이와 같은 종이었던 론섬 조지Lonesome George는 2012년 102살에 죽어 특별실에 방부 처리되어 있다.

찰스 다윈Charles Darwin:1809~1882은 《자연선택에 의한 종의 기원》으로 생물이 진화한다는 진화설을 발표했다. 1831년 비글호로 방문 조사하여 확립한 이론은 당시 과학 및 종교와 인간의 생각에 혁신을 가져왔다.

그는 자연조건이 같아 보이는 갈라파고스 제도 각 섬들의 새와 거북이들이 서로 다른 점에 착안한다. 자료 수집과 연구를 통하여 종들이 공동 조상을 가지고 있다면, 그로부터 변화된 후손 종이 생겨날 수 있다는 종분화 진화론을 완성하였다.

North Seymour Island

군함새와 얼간이새

온라인에서 258불인 시모어 북섬 투어를 170불에 픽업과 점심 포함 조건으로 예약하였다. 여러 숙소에서 16명을 픽업한 투어버스는 발트라섬에서 산타크루즈섬으로 들어왔던 선착장으로 향하였다.

조디악으로 요트에 올라 1시간 뒤, 앨버트로스와 군함새들이 군무를 추고 있는 무인도에 내렸다. 트레일에서 만난 군함새Lesser frigatebird 수컷은 목에

주름진 붉은 피부를 크게 부풀려 암컷에게 구애한다. 기름기가 없는 깃털로 방수가 안 되어 바다에 들어가지 못해, 남의 먹이를 빼앗아 먹는 해적새이다.

날개를 편 길이가 3m, 몸길이가 90㎝ 이상인 앨버트로스Albatross는 긴 날개로 오랜 시간 비행할 수 있어, 골프에서 3타 적게 쳐서 넣은 경우 앨버트로스라고 한다. 큰 날개 때문에 이착륙을 잘 하지 못하여 일본에서는 '바보새'라는 뜻의 '아호도리'라 부른다. 10살부터 1년에 한 번씩 알을 낳고, 부화하는 데 9개월이 걸리며 70살 가까이 산다.

느린 동작으로 쉽게 잡혀 '푸른발 얼간이'라고 불리는 Blue-footed booby는 푸른색 물갈퀴가 달린 발로 춤을 추며 구애한다. 2m까지 접근이 허용되는 부비새들을 가까이에서 만나며 갈라파고스의 진수를 맛보았다.

2㎞ 정도의 트레일에는 풀과 돌무더기 위에 둥지를 틀고 무방비 상태로 부화 중인 새들이 보인다. 길가에 죽어 말라버린 이구아나와 나무 그늘에서 미

동도 하지 않는 이구아나가 생과 사의 덧없음을 보여준다.

1시간 정도 돌아보고 요트에 올라 바차스Bachas 비치로 이동하였다. 5개월째 남미 여행 중인 런던 아가씨 캐서린에게 물개가 다가와 발가락을 건드리자, 일광욕 중인 그녀는 고개를 살며시 들고 고프로 촬영을 시작한다.

백사장 해변 물속에는 갈라파고스 상어들이, 한켠 바위 위에는 빨간 게들이 보인다. 물개들이 다가와 함께 사진을 찍은 후 물속으로 사라지는 모습이 사람과 자연이 하나 된 순수함으로 다가온다.

조디악으로 모선에 올라 튜나와 채소로 조리한 정갈하고 맛있는 점심을 먹으며 산타크루즈 포구로 돌아왔다. 식재료 가격이 저렴한 이곳의 시내 택시비는 1.5불, 외곽으로 나가면 3불이며 섬 간 페리 요금은 편도에 30불이다.

Isabela Island

이사벨라섬의 희귀한 풍경

온라인에서 200불 하는 투어를 호스텔에서 120불에 예약하여, 갈라파고스에서 가장 큰 이사벨라섬으로 향하였다. 승선장 검색대에서는 철저한 소지품 검사로 섬 간의 동식물 이동을 차단한다.

워터 택시로 쾌속정에 도착하여 16명이 자리를 잡고 앉자, 구명조끼를 보여주며 원하는 사람은 착용하라 한다. 높은 파도를 헤치고 질주하는 작은 배 주위에서 돌고래가 점프하며 지루함을 달래준다. 2시간여 만에 이사벨라섬에 도착하여 10불의 입도비를 내고 보트로 작은 섬 투어를 하였다. 적도 지방에 남극 출신 펭귄이 살고 있다는 사실이 보고 있으면서도 믿기지 않는다.

푸에르토 비야밀에서 시작되는 콘차 Concha de perla 트레일의 계단이나 장의자는 모두 바다사자들이 차지하여 낮잠을 잔다. 갈라파고스 제도에 먹거리가 줄자 바다로 뛰어들어 해초를 먹던 이구아나는, 오랜 세월에 걸쳐 허파의 기능이 아가미로 바뀌어, 세계에서 유일하게 이곳에만 서식하게 되었다. 틴토레라스 용암 계곡에서 헤엄치고 있는 백기흉상어를 본 후, 적도의 쾌적한 바닷물에서 스노클링으로 다양한 색깔의 물고기들을 만났다.

바다거북이는 모래 속에 100여 개의 알을 낳지만, 부화된 새끼거북이들은 바닷물에 도달하기 전에 대부분 포식자에게 희생된다. 하지만 그런 과정이 없는 육지거북은 한 번에 10여 개의 알만 낳는다. 부화 시 섭씨 28도에서는 수컷이, 29.5도에서는 암컷이 태어난다.

지구 온난화로 암컷이 많아지는 바람에 수컷이 암컷을 수십 마리씩 거느리는 횡재를 한 셈이다. 스스로 뒤집지 못하는 대형 거북이는 포개진 자세로 상대를 바꾸어가며 해피타임을 즐기는 동안 개구리 소리를 낸다.

San Cristobal Island

물개의 공격을 받다

산타크루즈섬에서 산크리스토발섬으로 가는 페리 티켓을 30불에 샀다. 민박과 투어 예약을 해 주는 30대 호스텔 안주인이 아침 7시에 우리를 환송하기 위해 포구까지 나와 석별의 정을 나누었다.

2시간 만에 도착한 호스텔 고센은 1박에 40불로 에어컨도 있다. 플라야만 비치 독사과나무 아래에 자리 잡고 스노클링을 하는데 갑자기 물개가 달려든다. 황급히 물 밖으로 나오고 보니 그제야 "물개에게 물릴 수도 있으니, 2m 이상 떨어지고 만지지 말라."라는 경고문이 보인다.

바다사자의 군락이 있는 라 로베리아 비치에는 서핑을 즐기는 젊은이들로 활기찬 모습을 하고 있다. 1㎞의 트래킹 중에 해변 바위를 치고 올라오는 파도를 배경으로 인생 사진을 담았다. 붉은 태양이 웅덩이에 반영되어 바다사자들과 함께 멋진 장면을 연출한다.

길 한가운데에서 일광욕하던 바다이구아나가 우리가 다가서도 움직이지 않는다. 타고 온 택시 기사에게 1시간 후에 와 달라 부탁하였기에 3불을 들여 편하게 숙소로 돌아왔다. 문어와 새우를 넣은 라면으로 저녁식사를 마치고, 정원수 아래 해먹에 앉아 갈라파고스의 4박 5일을 마무리하였다.

1977년 유인 잠수정 Alvin호가 갈라파고스 심해에서 열수 분출공과 생명체를 발견하여, 광합성이 없는 세계에서도 생태계가 존재하고 있음을 밝혀냈다. 햇빛이 없는 심해에서 황박테리아가 먹이사슬의 기초를 이루어, 생명체가 삶을 유지하기 위해서는 햇빛이 필수라는 기존의 개념을 바꾸었다.

Quito, Ecuador

키토에서 시작된 남미 자유여행

2019년 3월, 18일간의 자유여행으로 야간 침대버스에서 자면서, 두 사람이 5천 불의 비용으로 에콰도르 키토와 갈라파고스 그리고 볼리비아 라파즈와 우유니 소금사막에 다녀왔다. 뉴욕-키토, 키토-라파즈-뉴욕 항공권은 공항세만 내고, 키토-갈라파고스 왕복 400불, 라파즈-우유니 편도 158불 포함, 전 구간 항공료 700불이 들었다.

온라인으로 신청서에 사진 등을 업로드하고 복사하여, 뉴욕 볼리비아 영사관을 방문하여 160불을 내고 여권을 맡겼다. 분실이 염려되어 1주일 뒤에 10년짜리 비자 스티커가 붙은 여권을 직접 찾아왔다. 비자 받는 데 황열병 예방주사 증명서는 필요 없다.

2013년 그룹 투어로 페루, 아르헨티나, 브라질의 명소를 방문하였고, 2015년에는 남극과 파타고니아를 돌며 자유여행에 자신을 갖게 되었다. 2019년 완전 자유여행으로 남미의 아픔과 아름다움을 함께 보는 체험을 할 수 있었다.

해발 4,000m의 안데스산맥을 넘나들며 처절하게 삶을 이어가는 원주민들을 만났다. 유료화장실에서 푸세식으로 뒷처리를 하며 돌아보았던 볼리비아는 마치 1960년대의 한국으로 시간여행을 떠난 듯한 모습이었다.

키토 남쪽 3시간 거리의 킬로토아 호수로 가는 길에 아름다운 풍경이 펼쳐진다. 돼지머리 국밥을 팔고 있는 재래시장에는 원주민들이 농사지은 대파, 감자, 바나나 등과 화려한 색상의 과일들이 넘쳐났다.

사진에 찍히면 영혼을 빼앗긴다는 신앙관을 가진 원주민 할머니가 사진을 찍고 있는 남편 앞에, 조그만 감자를 던지며 그만하라는 신호를 보낸다. 작은 키에 다부져 보이는 이곳 여성들은 알록달록한 치마에 스타킹과 구두 그리고 중절모를 쓴다.

케추아 전통가옥이 있는 원주민 마을에서 기른 기니피그는 10불 정도에 팔려 불판 위에서 즉석구이 재료가 된다. 다양한 광물질을 함유한 화산재로 비옥해진 토양에서 풍성하게 자란 브로콜리와 바나나는, 아마존 정글에서 발견된 원유에 이어 에콰도르의 두 번째 수출 품목이다.

일교차가 없는 적도에서 줄기가 태양을 향해 일직선으로 굵게 1m 이상 자란 장미는 에콰도르 3위의 수출품목이다. 농장에서 재배된 장미는 인근 비행장으로 옮겨져, 네덜란드 등 유럽과 미국으로 수출된다.

Quilotoa Lake

킬로토아, 해발 3,800m 천지

1831년 콜롬비아로부터 독립한 에콰도르는 적도에 위치하여 나라 이름이 에콰도르 Ecuador 가 되었다. 1,700만 명의 인구 중 해발 2,850m에 자리한 수도 키토에는 250만 명이 살고 있다. 공식 통화는 미국 달러이고 인구의 95%가 가톨릭 신자이다.

매직 빈 Magic Bean 식당 앞에서는 여러 투어버스들이 예약자들을 기다린다. 점심 포함 61불의 12시간짜리 킬로토아 호수 투어를 위해, 아침 7시에 모인 12명이 영어 가이드와 함께 출발하였다.

1280년 화산 폭발로 생긴 지름 3㎞의 칼데라 호수로 내려가는 2㎞ 트레일은 미끄럽고 먼지가 많이 난다. 전망대가 있는 해발 3,800m의 분화구 림에서 호수까지, 조금만 빨리 움직여도 숨이 가빠지며 가슴이 조여온다.

1시간여 내려와 호숫물에 발을 담그고 돌아서니 병풍 같은 산이 앞을 막아선다. 도저히 걸어 올라갈 자신이 없어 노새 등에 올랐다. 가파른 길로 들어서자 노새가 힘들어한다. "미안하다 노새야, 너무 피곤하여 네 몸을 빌리지 않을 수 없구나." 하며 40분 만에 올라왔다.

가족관계인 노새들은 한 조가 되어 움직인다. 해발 3,500m 호수까지 내려온 노새들은 물가에서 물을 마시고 다시 오르기를 반복한다. 고삐를 잡고 올라오며 가쁘게 몰아쉬는 케추아 여인의 숨결이 삶의 고달픔으로 다가온다. 기진한 노새가 잠시 멈춰서자 엉덩이를 후려치는 그녀의 매서운 채찍 소리가 주위의 노새 군단을 움직이게 한다.

10살쯤 된 아이가 학교도 못 가고 하루 종일 이곳을 오르내리는 모습에 가슴이 아팠다. 그나마 우리가 노새를 타지 않으면 이들은 삶의 터전을 잃게 되기에, 10불 요금에 고생한 아이와 노새를 위하여 5불을 팁으로 주었다.

Cotopaxi National Park

코토팍시, 해발 5,900m의 세계 최고 활화산

세계에서 가장 높은 활화산으로 1904년 마지막 분출이 있었던 키토 근교의 코토팍시 화산 국립공원을 찾았다. 점심 포함 105불의 개인 투어로 명소마다 들려 여유 있게 동영상을 찍으며 투어를 즐겼다.

국립공원 입구에서 7㎞ 들어가 인터프리테이션 센터에서 코카티를 마시며 고소적응을 하였다. 림피오푼고 계곡을 가로지를 때에는 수시로 차에서 내려 사진을 찍으며 개인 투어의 혜택을 최대한 누렸다.

해발 4,500m의 주차장에서 방수 바지를 입고, 1㎞의 능선 지름길보다 뷰가 더 좋은 1.7㎞의 스위치백 트레일로 대피소 Refuge 를 향해 올랐다. 바람이 안개를 걷어내자 붉은 바위 위에 빙하가 뒤덮인 코토팍시 정상이 잠깐 보인다.

직선 높이는 300m에 불과하지만, 해발 4,860m까지 오르려면 상당한 고통을 감수해야 한다. 고산병을 이기지 못하고 내려가는 젊은이들을 보자, 갑자기 몸에 이상이 오기 시작한다. 가이드가 키를 건네주며 먼저 내려가서 차에서 쉬라 한다.

남편이 다가와 심호흡을 하게 하고 손을 잡아 일으킨다. 천천히 등을 밀어주는 남편에게 떠밀려 10분쯤 올라가자, 저 멀리 2시 방향에 신기루 같은 대피소가 보인다. 남편은 중요한 순간에 항상 나의 길잡이가 되어준다.

트래킹을 시작한 지 1시간 만에 셸터로 들어서자, 벽에 걸린 세계 각국 국기에 산악인들이 남긴 흔적이 보인다. 대피소 2층에서 자며 고소적응을 한 그들은, 새벽 2시에 출발하여 오전 중에 5,897m 정상을 정복하고 해지기 전에 하산한다.

구름으로 붉은 바위 몸을 가린 코토팍시가 하얀 빙하 속옷을 입고 산악인들을 유혹한다. 우박이 떨어지는 안개 속 돌풍을 헤치고 정상을 정복한 산사람들이 셸터에서 따끈한 차를 마시며 감격의 순간들을 함께 나눈다.

Mitad del Mundo, Quito

적도박물관

갈라파고스에서 키토로 돌아오는 비행기에서 내려다보이는 수많은 새우 양식장은, 에콰도르가 세계 3위의 새우 양식 국가임을 보여준다. 양식새우 세계 생산량은 1,600만 톤으로 90억 달러 정도이며, 중국과 타일랜드가 75%를 차지하고 에콰도르, 브라질, 멕시코가 25%를 생산한다. 보리새우과에 속하는 흰다리새우와 블랙타이거새우 두 종이 80%를 차지한다.

키토공항에서 택시로 30불에 NH 호텔에 도착하여 맡겨놓은 겨울옷 가방을 찾아 고산기후에 대비하였다. 50불의 개인 투어로 적도기념관을 돌아본 후, 바로 공항으로 가기 위해 여행사 승합차에 짐을 실었다.

스테인드글라스가 멋진 바실리카 성당의 외관은 동물 형상으로 장식되어 있다. 중앙광장의 대통령궁과 황금 성당 등 시내를 돌아보고, 산 중턱에 있는 천사상에 올라 파노라마처럼 펼쳐진 키토를 감상하였다.

GPS가 발명되기 전, 유럽인들은 계산 착오로 적도가 아닌 곳에 30m 높이의 적도탑을 설치하고 선진 문명을 자랑하였다. 그러나 케추아족은 적도의 위치를 정확히 찾아 그곳에 작은 적도박물관을 만들었다. 원주민 풍속에 대하여 박진감 있게 설명하는 가이드가 이 소박한 박물관을 더욱 활기차게 한다.

슈아르 Shuar 족은 영혼이 있는 사람 머리가 다음 세상을 살 때 크게 도움이 된다고 믿었다. 그들은 죽은 자의 머리 피부를 벗겨 수증기에 쪄 살균한 다음, 2주간 건조 시켜 싼사 Tsantsa 를 만들어 목에 걸고 다닌다.

6만여 명의 슈아르족이 살고 있는 아마존 정글에서 원유가 발견되자 중국이 이 유전지역을 샀다. 국립공원 내에 있어 채굴을 못 하다가 대통령에게 뇌물을 주고 비밀리에 원유를 뽑아간다는 소문이 돌았다.

코레아 Rafael Correa 대통령은 일리노이 대학 경제학 박사로, 여론이 나빠지자 부통령에게 정권을 이양하고 부인의 나라인 벨기에로 사라졌다. 코토팍시 가이드 디에고의 주장과는 달리 적도박물관 가이드는 가짜뉴스라 말한다.

코레아는 한국으로 치면 '강남좌파 limousine liberal'로 2007년부터 3선으로 10년을 통치하였다. 도로 등 인프라 확장과 빈민 구제에 열심이었던 그는 국민소득을 8천 달러로 끌어올려, 빈민층과 서민층으로부터 상당한 지지를 받았다.

적도선 Equator Line 위로 똑바로 걷는 체험에서 많은 사람들이 줄을 벗어난다. 적도에서는 싱크대 물이 바로 빠져나가지만, 남북으로 몇 발자국만 옮겨도 서로 반대 방향으로 돌며 흘러나간다. 북반구, 적도, 남반구를 동시에 체험하며 1시간여 관광을 마치고 여권에 적도 스탬프도 받았다.

가이드에게 20불을 주고 키토공항으로 바로 가 VIP 라운지에서 육개장과 스시롤 그리고 요리사가 주문에 따라 만들어주는 샌드위치를 즐겼다. 1시간 북쪽 콜롬비아 보고타로 올라간 비행기는 승객을 더 태우고 라파즈로 향하였다. 비자 신청 시 힘들었던 것과는 달리 황열병에 대한 언급도 없이 입국 절차가 간단히 끝났다.

Sunset and Starry Night @ Uyuni, Bolivia

우유니, 별이 빛나는 밤

새벽 1시 라파즈 공항에 도착하여 아마스조나스 항공사 카운터가 열리는 5시까지 기다려 수속을 마쳤다. 라운지에서 쪽잠을 잔 후 7시 반 우유니행 항공기에 탑승하였다. 심야에 몇 시간 고생으로 일정을 하루 단축할 수 있었다.

158불의 항공료로 40분 만에 우유니에 도착하여 쾌적한 컨디션으로 소금사막을 맞이하였다. 의자의 안락도에 따라 15불에서 22불 하는 버스를 이용할 경우 9시간 동안 광야의 길을 달려야 한다.

카사 안디나 소금호텔까지 5분 거리의 택시요금은 1인당 10볼리비아노 [2불]이다. 조식 포함 76불인 소금 블럭으로 지은 호텔에 짐을 풀고 환전소를 찾았다. 흠집이 있는 달러 지폐는 받지 않고 100, 50불짜리는 6.9에, 20불 이하는 6.8로 환전해 준다.

Red Planet 여행사에서 다음날 시작되는 2박 3일 투어를 200불로 깎아 현찰로 지불하였다. 오아시스 여행사에 들러 당일 오후 4시에 출발하는 'Sunset and Starry Night' 투어를 20불에 예약하고, 빅토르에게 가이드를 부탁하였다.

여행사 앞에는 투어 참가자 이름을 적는 쪽지를 붙여놓아 그룹을 만들 수 있게 해 놓았다. 많은 투어회사에는 한국말을 구사하는 직원들이 있다. 우기의 끝 3월 말이라 물이 깊어, 수백 년 된 선인장이 있는 물고기섬 투어는 생략되었다. 길거리에서는 들개들이 비닐봉지를 뒤지며 먹을 것을 찾는다.

소금밭 위에 2㎝쯤 차오른 물은 거대한 거울이 되어 하늘과 구름을 오롯이 담아낸다. 소금 바다가 지평선을 이루고 있는 곳에서 빅토르의 주문대로 움직이면 멋진 3D 비디오가 탄생한다. 붉게 물든 해가 소금밭에 반영되어 황홀한 풍경을 만든다.

군 복무를 마치고 휴가로 이곳을 찾아, 늘씬한 몸매로 춤사위를 리드하던 이스라엘 아가씨는 어른을 대하는 예의도 밝았다. 영상을 녹화한 가이드는 바로 그 자리에서 다른 아이폰으로 복사해 준다.

8명이 일렬로 서서 핸드폰을 켜 KOREA를 그리고 양옆은 하트 표시를 넣어 영상을 만든다. 일행들의 국가 이름을 만들다가 마지막엔 가이드의 이름으로 수고하는 그를 위로하였다.

DSRL 카메라를 은하수 촬영 모드로 변환하여 삼각대 위에 장착한 빅토르가 차 안에서 몸을 녹이고 있는 일행들을 차례로 불러낸다. 그는 우유니 최고의 가이드답게 정성과 재능으로 여행자들의 인생사진을 찍어준다.

이스라엘 젊은이들과 함께 보낸 선셋과 별이 빛나는 밤은 평생 잊지 못할 추억으로 남았다.

Uyuni Salt Flats & Train Cemetery

소금사막과 기차무덤

레드 플래닛 익스페디션의 2박 3일 랜드 크루저 투어를 위해 필요 없는 물건들을 호텔에 맡기고, 타월 2개를 빌려 오전 10시에 픽업 온 투어 차량에 올랐다. 여행사 주위는 투어를 준비하는 차량들로 분주하다.

5갤런 스페어 기름통 4개와 침낭, 우리들의 짐 등 3일 동안 쓸 물건들이 차 위로 올라갔다. 3대의 차에 나누어 탄 일행 15명이 본인 차를 쉽게 알아볼 수 있도록 빨간, 노랑, 파란색 커버를 씌워 11시경에 출발하였다.

볼리비아에서 처음 운행되었던 기차들이 있는 기차 무덤으로 갔다. 포토존으로 변한 차량 위에 올라 기념 촬영을 하며 40분가량 머물렀다. 콜차니 마을에서 점심 식사 후 소금 제품 공장을 견학하였다.

비포장길을 달려 하늘과 지평선이 하나 되는 소금 평원에 도착하였다. 50~100㎝ 두께의 소금밭을 살짝 덮은 물속에 뭉게구름이 펼쳐지고, 지하수가 솟아오르는 작은 웅덩이에서는 크리스털 소금 결정이 반짝인다.

소금 평원을 가로질러 2016년 사막 자동차 경주 다카르 랠리가 있었던 커다란 소금기념비를 찾았다. 플라야 블랑카 소금호텔 뒤쪽 만국 국기가 펄럭이는 곳에 태극기가 가장 많이 보였다.

칠레 국경 쪽 해발 4,200m에 있는 쿨피나의 호스텔에서 조금만 빨리 움직여도 숨이 가빠왔다. 현지 관리인이 구어 온 닭다리와 미국산 커피, 분유 등 차에 싣고 왔던 식품으로 저녁식사를 마치자, 기사 겸 가이드가 다음 식사를 위해 그릇과 함께 남은 식품을 챙긴다. 24시간 전기가 들어와 충전에는 문제가 없었다.

본인 차량으로 파트 타임을 하고 있는 우리 차 가이드는 이번 투어로 200불 정도를 번다. 거친 도로에 타이어는 3개월을 버티지 못하며 브레이크 등 많은 부품이 소모된다. 투어 중 고장이 나면 수입은 교체 받은 가이드가 다 가져가게 하여 철저한 정비를 유도한다.

Siloli Desert & Blue Lagoon

실로리 사막과 블루 라군

호스텔 뒤쪽 건물에서 자고 나온 가이드들이 차에 짐을 싣고, 삭막한 광야로 들어서자 키노아밭이 가끔씩 나타난다. 시냇물이 흐르는 계곡의 라마 방목장에는 주인 식별을 위해 머리에 리본을 단 라마와 알파카가 한가로이 풀을 뜯고 있다. 목동들은 태어난 두 마리 새끼 중 한 마리를 임금으로 받는다고 한다.

라마와 달리 남미 대륙을 자유롭게 오르내리는 야생 비꾸니의 털은, 보습 효과가 좋고 부드러워 라마의 털보다 몇 배 비싸게 팔린다. 포획이 금지되자 주민들은 사람띠로 비꾸니를 생포하여 털만 깎고 풀어준다.

화산활동과 지각변동으로 형성된 바위 계곡Valle De Rocas에 한시가 쓰인 듯한 바위가 보인다. 돌처럼 딱딱하게 굳어있는 작은 관목들을 헤집고 들어가, 여우얼굴바위 등 바람이 만든 기묘한 바위 군상들을 돌아보았다.

블루 라군과 아라 라군에 들

려 플라밍고들을 만났다. 붉은색 광물질을 먹고 붉은색으로 변한 작은 생물들을 먹이로 삼아 성장한 플라밍고는, 자신도 아름다운 붉은색으로 변한다.

카스트로의 사회주의 혁명을 도와 장관까지 지냈던 체 게바라Che Guevara: 1928~1967는, 1965년 소련이 케네디 대통령의 해상 봉쇄에 굴복하자 쿠바를 떠난다. 아프리카 콩고의 내전을 돕던 게바라는 지도자 카빌라의 부패에 실망하여, 그와 결별하고 볼리비아 정글에 숨어든다. 공산당 게릴라 활동을 하다가 정부군에 체포되어 총살되었다.

1825년 독립한 볼리비아는 9개월에 1번꼴로 200여 차례 쿠데타가 발생한 세계 최다 정변 발생 국가이다. 볼리비아는 정치 불안으로 경제 역시 20,000%에 달하는 초인플레이션에 시달렸지만, 국가 예산을 대규모로 깎는 극약처방으로 물가를 안정시켰다. 그러나 그 효과가 부유층에게만 돌아가 빈곤층이 늘어나면서 게바라의 사상을 그리워하는 여론이 팽배해지자, 정부는 그의 자료를 세계기록유산으로 등재하여 체 게바라 복권을 돕고 있다.

Geiser Sol de la Manana & Laguna Colorada

마나나 간헐천과 레드 라군

솔데 마나나 간헐천으로 가는 산등성이는 차가 지나가면 새로운 길이 만들어져 무한궤도가 된다. 해발 4,842m 산을 넘어 찾은, 섭씨 250도의 간헐천 진흙 구덩이에서 강렬하게 분출되는 스팀 소리가 심장을 마구 뛰게 한다. 가끔 방문자들이 실족하여 사망하는 위험한 곳이다.

조금 내려와 해발 4,400m 숙소에서 우유니로부터 싣고 온 쇠고기로 저녁식사를 하였다. 공동화장실과 4인실 방에 침낭이 주어졌지만 챙겨간 겨울잠옷으로 견디었다. 캄캄한 앞마당에서 별자리를 보여주는 행사가 끝나자,

일행들이 언덕 아래 섭씨 35도의 온천으로 내려간다. 2시간 동안 전등 하나만 희미하게 들어와 충전은 할 수 없었다.

살바도르 달리 사막 광야에는 무지개 화산에서 날라온 집채만 한 바윗덩어리들이 보인다. 작열하는 태양 아래 차라도 한 대 지나가면 흙먼지와 배기가스가 한참 동안 시야를 가려, 그때마다 마스크를 착용하였다.

해발 4,550m로 세계에서 가장 높고 건조한 실로리 사막에는 치열했던 화산활동을 보여주는 기이한 바위들이 군락을 이룬다. 상체가 하체보다 큰 모습으로 중력을 거스르는 바위가 수만 년 동안 거센 바람을 견디고 있다.

화산에서 분출된 철분과 빨간 엘지로 붉은 호수가 된 콜로라도 라군을 찾았다. 하얀 엘지가 붉은색과 함께 펼쳐져 환상적인 모습을 연출하는 이곳에, 인프라만 잘 갖추면 엄청난 관광수입을 올릴 것 같다. 화장실은 물통을 가지고 들어가 일을 끝낸 후 물을 부어야 하기에, 게으른 청소원과 부주의한 사용자가 만나면 최악의 사태가 발생한다.

해발 6,000m의 리칸카르산 아래 그린 호수에 들른 후, 페루로 넘어가는 팀들과 헤어졌다. 그들은 호수 왼쪽을 돌아 국경을 넘고, 우리는 어젯밤 묵었던 온천마을로 가서 국경까지 페루팀을 안내하고 돌아올 가이드를 기다렸다.

조그만 마을 간이식당에서 미트볼과 감자튀김 등으로 점심을 먹고, 7시간 거리의 우유니로 향하였다. 운전기사들이 차 지붕 위에 올라 스페어 탱크에서 가는 호스로 주유를 하는 동안, 일행들은 서로 멀리 흩어져 잉카 토일렛을 찾는다.

볼리비아는 케추아 토착민이 60%로 남미에서 원주민 비율이 가장 높지만, 1952년까지도 그들에게 투표권을 주지 않았던 백인 중심의 나라이었다. 스페인 정복 이후 470년

만인 2006년 모랄레스가 원주민 출신의 첫 대통령이 된다. 재선과 3선을 거쳐 4선 대통령이 된 그는, 2019년 대통령 부정 선거 파문으로 대통령직을 사퇴하고 아르헨티나에 망명 중이다.

Cerro Rico Potosi Mine

포토시, 남미의 엘도라도

4박 5일의 우유니 여행을 마치고 포토시로 향하였다. 시외버스 터미널에서 우렁찬 목소리로 손님을 부르는 버스회사 여직원들이 60년대의 한국 모습을 보여준다. 4,500m의 안데스산맥을 넘는 동안 계곡 아래로 광산촌이 보인다. 10불에 탑승한 급행버스는 승객만 보이면 멈춰서는 완행버스로, 정차할 때마다 원주민들이 올라와 튀김 등을 판다.

조폐국 정문 앞길 건너편 여행사 사무실이 밀집되어 있는 곳에서 49불로 하프데이 포토시 액티브 마인Half-Day Potosi Active Mine 투어를 시작하였다. 광부들에게 줄 선물을 사 들고 광산복과 안전모, 장화를 착용한 다음 광산으로 올라갔다. 광석 목판을 들고 졸졸 따라다니는 꼬마들에게 용돈도 줄겸 한 조각씩 사주었다.

입구에서 헤드라이트를 착용하고 레일을 따라 갱도 속으로 들어갔다. 1시간 동안 엄청난 먼지를 마셔가며 진폐증에 걸려 은퇴할 때까지 갱도 속에서 일하는 광부 체험을 하였다. 해발 4,200m의 산소가 희박한 동굴 속에서 가이드가 담뱃불을 피워 신상 앞에 놓고 술을 뿌려가며 제사를 지낸다. 샤머니즘이라 매도하기에는 저들의 처지가 안타까워 그저 효험이 있길 빌었다.

발파 작업 후 먼지가 가라앉기를 기다리며, 카트가 지나갈 때에는 벽에 바싹 붙어야 했다. 생업을 방해하는 것 같아 미안하였지만, 이렇게라도 방문하여 관심을 가져주는 것도 좋겠다 스스로 합리화하였다.

1545년부터 10만 톤의 은이 채굴되는 동안 5,144m의 세로 리코Cerro Ricco산은 320m나 주저앉았다. 그리고 300여 년이 지난 후 은이 고갈되자 주석 광산으로 변하였다.

광부들은 다른 직종에 비해 수입이 높아 대를 이어 일한다. 초기에는 두께가 300㎝ 이상 되는 광맥을 찾아 개미굴처럼 갱도를 만들었으나, 지금은 10㎝의 은 광맥만 발견되어도 노다지로 여긴다.

과거 원석 가루를 수은과 섞은 아말감을 맨발로 밟았던 케추아들은, 수은 분리 시 발생하는 증기로 수없이 희생되었다. 광산주들은 노새 1마리 대신 5명의 아프리카 노예를 투입하였다. 이런 식으로 엄청난 은이 채굴되면서 포토시는 남미의 엘도라도가 되었다. 하지만 광맥이 사라진 현재, 주민은 17만 명으로 줄어 행정수도는 2.7백만 명의 라파즈로 이전했으며, 입법수도의 지위는 인구 30만의 수크레에 빼앗겼다.

낮 12시에 도착하였던 터미널과는 다른 신터미

널 '터미널 드 버스 데 포토시Terminal de buses de Potosi(nueva)'에서 밤 10시에 출발하는 라파즈행 버스에 올랐다. 히터가 사막의 밤을 견딜 만큼 충분하지 못하여 준비해 간 보온 물주머니를 사용하였다.

160불 하는 항공편 대신 10불의 버스로 야간에 이동하여 호텔비를 줄이고, 여행 일정도 하루 단축하였다. 아침 8시까지 서너 번 정차하는 동안 휴지를 챙겨 드럼통에서 물을 퍼들고 들어가, 일을 보고 물을 붓는 셀프 푸세식 화장실을 이용하였다.

Chacaltaya & Valle de la Luna, Lapaz

차칼타야산과 달의 계곡

밤 10시에 포토시를 출발한 침대버스는 세계에서 가장 높은 수도 해발 3,640m의 라파즈에 다음날 오전 8시에 도착하였다. 투어버스로 시내에서 30㎞ 떨어진 차칼타야산으로 가는 길에, 해발 6,088m의 후아나 포토시산 앞에 섰다. 가이드가 영화사 파라마운트의 로고인 스위스의 마터호른보다 더 멋진 산이라고 자랑한다.

얼마 전까지 빙하에 묻혀있었던 해발 5,421m 산으로 오르는 길은 매우 위험하였다. 가드레일은 물론 없고 울퉁불퉁한 길가에는 날카로운 돌들이 보인다. 시동이 꺼지면 후진하다가 액셀을 밟는 극한 상황이 여러 번 발생하였다.

굽이굽이 비포장 돌길을 올라 해발 5,300m 전망대에 도착하여, 5,421m 정상까지 무산소 등정에 도전하였다. 몇 걸음 올라가 쉬며 다시 오르기를 반복하다가 비구름에 시야가 완전히 사라져 하산하였다.

1939년 건설된 볼리비아 유일의 스키장은, 1980년 이후의 엘니뇨El Niño로 2009년 빙하가 완전히 녹아 폐장되었다. 세계에서 가장 높은 스키 리프트는 철거되고, 기네스북에 오른 세계 최고 높이의 식당 건물만이 등반가들의 휴식처로 변해 있다.

27불에 차칼타야산과 달의 계곡을 돌아보는 투어로, 닐 암스트롱이 착륙했던 달의 지형과 비슷한 계곡을 방문하였다. 이 투어가 끝나는 샌프란시스코 성당 앞에서는 젊은이들이 흥겨운 음악에 맞춰 춤을 춘다. 그 광장을 지나 성당 안의 박물관 투어를 하는 동안 예쁜 메스티소 아가씨가 성심을 다해 작품 설명을 한다. 킬리킬리Kilikili 언덕은 산을 병풍 삼아 아늑하게 자리 잡은 라파즈 시내를 바라보는 전망대이다.

낮은 지역에서 고지대 엘 알토El Alto를 이어주던 '미 텔레페리코Mi Teleferico: My Cable Car'는 2014년 10㎞에서 2018년 34㎞로 늘어났다. 미세먼지와 교통체증을 덜어주는 이 기발한 대중교통 요금은 한 번 탑승에 1.5불이다. 11개 라인에 30개의 정류장을 갖춘 세계에서 가장 긴 케이블카 노선을 갈아타며 라파즈 야경을 감상하였다.

볼리비아인들에게는 미국에서 온 것만으로도 위화감을 줄 수 있다. 대화나 차림새가 은연중에 자랑으로 비추어진다면, 그들은 상대적 박탈감으로 절망을 느끼게 될 것이다. 여행의 끝에서 더욱 그러한 생각이 들었다.

Copacabana

코파카바나, 티티카카 호반의 휴양지

해발 3,800m로 세계에서 가장 높은 곳에 있으며 남미에서 두 번째로 큰 티티카카Titicaca 호수를 찾았다. 바다처럼 보이는 드넓은 호수의 서쪽은 페루, 동쪽은 볼리비아의 경계에 있다. 티티카카는 '모든 것이 시작되고 태어난 곳'이라는 뜻이다.

오전 6시 반에 택시로 볼리비아 홉Bolivia Hop 투어 집결장소인 와일드 로버 호스텔에 도착하였다. 7시에 출발한 버스는 9시 45분에 티퀴나 미라도르 전망대에서 사진만 찍고, 10분 거리의 페리 터미널로 향했다.

버스와 따로 배를 타고 호수를 건넌 후, 1시간을 더 달려 11시 반쯤 코파카바나에서 아름다운 경치를 즐겼다. 6,000명이 살고 있는 코파카바나는 성모 대성당과 송어요리로 유명하다.

해변가에는 수많은 요트와 낚싯배 그리고 물놀이 기구들이 관광객을 유혹한다. 식당가 길 건너편 공원 벤치에서 쇠고기 육포 등으로 점심을 때우며, 오후 1시에 출발하는 태양의 섬 왕복 4시간 투어를 기다렸다.

1879년 볼리비아는 칠레와의 전쟁에서 안토파가스타 등 태평양 해안을 빼앗기고 내륙국가가 되었다. 해군을 폐지하지 않은 볼리비아는 지금도 티티카카 호수에서 훈련을 계속하며, 언젠가 그 지역을 되찾아 바다로 나가기 위한 의지를 불태우고 있다.

Isla del Sol, Lake Titicaca

태양의 섬, 잉카의 성지

18명을 태우고 코파카바나의 화이트 앵커White Anchor를 출발한 배는, 햇살에 반짝이는 바다 같은 티티카카 호수를 1시간 반 동안 달려 태양의 섬에 도착하였다. 태양의 신전 아래 포구에 내려, 태양의 아들, 딸인 망코 카팍과 마마 오크요가 강림하여 잉카 제국의 신화가 시작된 신전으로 올라갔다.

잉카 트레일을 따라 코파카바나로 돌아갈 배가 기다리고 있는 남쪽 포구를 향해 걸었다. 계단식 숲에 방목되고 있는 가축들과 발아래 펼쳐지는 비경 너머 저 멀리 달의 섬이 보인다. 전통의상을 입고 야마를 끌고 나온 아이들이 기념사진을 찍게 하고 "10볼리비아노" 하며 손을 내민다.

45분 정도 걸어 포구로 가는 내리막길에서 분주하게 짐을 나르는 노새들을 만났다. 주민들은 배가 도착할 때마다 노새로 가져온 물건들을 펴놓고 장사를 하다가 배 시간이 끝나면 다시 거둔다.

남쪽 선착장 오른쪽에는 잉카 남녀 신상이, 마시면 젊어진다는 샘물이 있는 곳으로 오르는 계단Escalera del Inca 양쪽에 서 있다. 혈통 연구 결과 이 지역에 사는 우루족은 다른 지역의 케추아족보다 훨씬 오래전부터 존속하여, 남미에서 가장 오래된 종족으로 판명되었다.

2018년 포구 왼쪽에 있는 호텔 지역에서 한인 여성이 성폭행을 당한 후 살해된 사건이 발생하였다. 자치구 성격이 강한 이곳에서 주민들이 증언을 해 주지 않아 한참 동안 미궁에 빠져있다가, 2019년 한국 정부의 강력한 항의에 섬 족장이 용의자로 지목되어 15년 형을 받았다.

코파카바나에서 태양의 섬까지 운항하는 선박 회사는 두 군데로 하루에 4회 왕복한다. 요금은 15볼리비아노이며 오전 8시 반부터 오후 4시까지 운행한다. 돌아 나오는 배 시간은 오전 10시 반부터 오후 4시까지이다.

태양의 섬 투어를 마치고 돌아와, 호수 앞 레스토랑에서 7불짜리 송어요리 트루차를 맛보았다. 1930년대 남미로 이주한 미국인들의 요청으로 미국 내무부가 북미산 송어를 방생하여, 이 호수에 서식하던 희귀종 물고기 티티카카 오레스티아스는 30년 만에 멸종되고 북미 송어들이 인기 먹거리가 되었다.

버스 안에서 실베스터 스탤론이 코치로 출연하는 영화 〈크리드 2〉를 보면서, 15시간 만에 다시 라파즈로 돌아왔다. 호텔까지 데려다준 운전기사에게 감사를 표하자, 그는 오래 기억되는 순수한 모습으로 팁을 받는다.

North Yungas Road

융가스 로드, 죽음의 길

마일리지로 항공권을 얻다 보니 제한된 요일 규정에 걸려, 마지막 일정 한 곳을 접어야 했다. 라파즈 호텔 매니저와 상의하여 죽음의 길이라 불리는 융가스 로드와 티와나쿠 유적지를 하나로 묶어 해결하였다.

산악자전거로 하는 융가스 로드 투어는 1인당 120불이고, 7시간의 타와나쿠 투어도 50불이다. 짧은 일정과 비용을 고려하여 공항에서 끝나는 200불짜리 투어를 만들어 두 커플이 반씩 부담하였다.

매니저 친구가 승합차를 운전하고 대학에 다니는 조카가 가이드로 나섰다. 산악바이크 투어가 시작되는 죽음의 길 언덕 입구에 도착하자, 운전기사는 대지의 신 차차마마에게 술을 뿌리며 제사를 지낸다.

1932년 국경지역 차코에서 발견된 금광으로 차코전쟁이 발발하여, 볼리비아는 10만 명의 사상자를 내고 그곳을 파라과이에 빼앗긴다. 융가스 로드는 그 전쟁에서 잡혀 온 파라과이 포로들이 건설한 도로이다.

비포장에 군데군데 절벽 길이 무너져 매년 200여 명이 사망하자, 이 도로는 폐쇄되고 고속도로가 만들어졌다. 옛길은 이제 관광을 위해 잠시 돌아보는 도로가 되었다. 낭떠러지와 위험한 굴곡이 많은 이 도로는 1995년 미대륙간 개발은행에서 세계에서 가장 위험한 도로로 선정하여 '극도로 위험한 도로'의 대명사가 되었다.

라파즈에서 아마존 우림으로 연결되는 융가스 고속도로는 해발 4,650m의 라쿰버 고개와 600m의 저지대를 지난다. 잦은 폭우와 안개로 시계가 흐리고, 질척거리는 토사로 미끄럽고 낙석위험이 크다.

점심 때가 되어 라파즈 시내 버거킹을 찾았으나 두 군데 모두 문을 닫았다. 반미 성향의 대통령이 미국을 싫어하여 KFC는 아예 들어오지도 못했다.

호텔로 돌아와 라파즈를 중심으로 죽음의 길 반대쪽에 있는 티와나쿠로 향하였다.

Tiwanaku

티와나쿠, 볼리비아 여정의 끝

아메리카 문명의 요람인 티와나쿠 유적지는 티티카카 호수의 섬에 세워졌던 도시이다. 선사시대부터 1200년경 잉카가 나타날 때까지 2,700여 년 동안 존속하였다. 500년부터 300년간의 전성기에는 1만여 명이 거주하는 제국의 수도로 페루와 칠레에 영향을 미쳤다. 아이마라 문화와 함께 발전한 티와나카 문명은 잉카 문명의 기초가 되었다.

세라미코 박물관에는 기원전 1580년부터 프리알파레로 Prealfarero, 치리파 Chiripa, 티와나쿠 Tiwanaku 문명 등의 유적과 자료들이 전시되어 있다. 최근의 방사성탄소연대측정 결과 이 도시는 기원전 110년경에 세워진 것으로 밝혀졌다.

해발 3,870m의 유적지에서 가장 큰 건축물은 가로세로 257×197m, 높이 16.5m의 피라미드 신전이다. 이 아카파나 신전을 지나면, 5m 높이의 벽으로 둘러싸여 있는 167×117m의 푸마푼쿠가 나타나며, 이 광장 위에는 태양의 문이 있다.

정사각형의 반지하 성전의 사방 벽에는 175개의 석조 두상들이 조각되어 있다. 이는 전쟁에서 패배한 적들의 잘린 머리를 전시하던 사원의 관습을 상징하는 것이다. 톱으로 자른 듯한 돌 조각품 등은 현대의 기술 못지않은 정교함을 보여준다.

2㎢에 흩어져있는 유적들은 이곳이 남미 최대의 고대 유적지임을 말해준다. 지진으로 티티카카 호수가 범람하여 폐허가 되었다. 훗날 스페인 사람들은 이곳에서 석재를 빼내어 성당 건축 등에 사용하였다.

Iguazu Falls, Brazil

이구아수, 폭포의 여신

과라니족의 말로 '큰물'이라는 뜻의 이구아수 폭포는, 나이아가라, 빅토리아와 함께 세계 3대 폭포이다. 60~80m의 높이로 펼쳐있는 270여 개의 폭포 중 80%는 아르헨티나에, 20%는 브라질에 속해 있다.

정글과 어우러져 여러 가지 색깔의 물줄기를 쏟아내는 폭포는, 미스월드 선발대회에서 아름다움을 과시하는 여러 종족의 미인처럼 보인다. 폭포 사이의 푸른 숲속에 하얀 꽃들이 백로처럼 고고하게 피어있다.

트램을 타고 밀림을 가로질러 강기슭으로 내려가, 사파리 투어 쾌속정 맨 앞줄에 앉아 폭포를 향해 올라갔다. 굉음을 내는 폭포에 가까워지면 일반 카메라는 방수백에 넣고, 사진은 동승한 전속 사진기사에게 맡기는 것이 좋다.

악마의 목구멍에서 쏟아져 내리는 물폭탄 세례에 온몸을 적시며, 세계 최대 폭포의 위력을 느꼈다. 배에서 내리니 벌써 동영상이 CD로 구워져 30불에 팔리고 있다.

브라질 아르헨티나 우루과이 3국 연합군과의 전쟁에 패한 파라과이는, 성인 남자의 90%를 잃고 많은 영토와 이구아수 폭포도 빼앗겼다. 브라질은 파라과이에 대한 인도적 차원의 배상으로,

1982년 파라나강에 높이 196m, 길이 7㎞, 출력 14,000MV의 이타푸 수력발전소를 건설하였다. 생산된 전력의 절반을 받는 파라과이는 쓰고 남는 전기를 브라질에 되팔아 댐 건설 차관자금을 갚고 있다.

2012년 22,500MV의 중국 싼샤댐이 완공되어 이타푸는 '세계 제일'이라는 타이틀을 빼앗겼다. 식량 위기를 대비하는 브라질은 이 댐 저수지에 있는 물고기를 보호하기 위하여 낚시를 엄격히 금지하고 있다.

Devil's Throat @ Iguazu, Argentina

악마의 목구멍

아르헨티나 폭포 끝에 있는 악마의 목구멍으로 가기 위하여 이구아수 국립공원의 센트로역에서 협궤 기차를 탔다. 카타라타스역에서 갈아타고 종착역인 가르간타역에서 내리니 입구에 임산부와 노약자는 입장하지 말라는 팻말이 보인다.

작은 섬들을 연결하는 1km 길이의 다리로 폭포에 다가가자, 하늘로 솟구쳐 오른 물보라가 비처럼 쏟아져 내린다. 다리 끝에 말발굽 모양의 황갈색 블랙홀이 보인다. 세상 그 어느 폭포와도 견줄 수 없는 이구아수 앞에서, "이구아수는 아르헨티나, 아르헨티나는 이구아수"라는 말이 떠올랐다.

굉음을 내며 끝을 알 수 없는 아득한 심연 속으로 쏟아져 내리는 폭포를 보고 있노라면 영혼까지 빨려 들어가는 느낌이 든다. 좋지 않은 일이 겹쳤을 때 쉽게 해결하는 방편으로, 별생각 없이 뛰어들 충동이 일어날 만하다.

엄청난 에너지의 소용돌이에 몸이 빨려 들어갈 것 같은 현기증을 느껴 난간을 꽉 잡았다. 세상 모든 죄악과 쓰레기를 블랙홀에 집어넣은 이구아수 폭포는 바로 아래 화이트홀을 만들어 천지 창조의 새로운 질서를 보여준다.

아르헨티나 전통식당에서 악사들의 노래와 연주를 들으며 아사도를 즐겼다. 가우초 빨간 모자를 쓴 조리사가 쇠고기의 각 부위를 긴 꼬챙이에 꿰어, 숯불에 구워서 원하는 만큼 조금씩 잘라 접시에 담아준다.

부에노스 아이레스에 가면 페론과 에비타의 발자취를 돌아볼 수 있다. 아바스트 거리 탱고의 황제 카를로스 가르델의 동상 앞에서 탱고 쇼를 즐기고 싶었으나, 일정상 이구아수에서 라틴 전통댄스를 보는 것으로 대신하였다.

'Don't Cry for Me Argentina'

에바 페론의 아르헨티나

'은이 많은 곳'이라는 뜻의 아르헨티나는 풍부한 지하자원과 목축으로 세계 10대 부국 반열에 오른다. 제1 ·2차 세계대전 때 중립을 지켜 전쟁의 피해 없이 연합국의 식량 공급처가 되어 계속 부를 쌓았다.

넓은 초원에서 거둔 저비용의 곡물에 20% 이상의 수출세를 부과하여 모아진 기금은 정치가들의 포퓰리즘에 쓰이기 시작한다. 1946년 후안 페론이 대통령이 되면서 그의 아내 에바 페론Eva Peron: 1919~1952은 과도한 사회복지정책을 폈다.

가난한 농부의 딸로 태어나 삼류배우로 전전하다가 자선음악회에서 페론 대령을 만난 에바는, 뛰어난 미모와 사교술로 남편의 대선 운동을 도와 영부인이 된다. 에바 페론 재단을 설립한 그녀는 서민들의 삶을 도와 노동자의 성녀가 된다.

무뚝뚝한 페론과 지지자 사이의 '사랑의 다리' 역할을 했던 에바는 '에비타'라는 애칭을 갖게 된다. 여성 참정권을 얻어냈던 그녀였지만, 지나친 사회복지정책으로 한때 세계 5대 부국이었던 아르헨티나 경제에 어두운 그림자를 남겼다.

33세에 암으로 사망한 에비타는, 〈Don't Cry for Me Argentina〉라는 불후의 명곡으로 아르헨티나 국민들의 가슴 속에 살아있다.

> "오늘, 이 나라의 한 여인인 내가 갈망하는 두 가지를 보여드릴 수 있어 영광입니다. 많은 서민들의 사랑과 소수 귀족들의 증오가 그것입니다."
>
> – 1948, Eva Peron

1952년 그녀가 죽은 후, 1955년 쿠데타가 일어나자 페론은 스페인으로 망명한다. 1976년 집권한 정권은 성급하게 자본 및 수입 자유화를 실시하여, 78억 달러의 외채가 1983년에는 450억 달러로 늘어났다. 1982년 군사정부가 영국과의 포클랜드 전쟁에서 패하자 신뢰를 잃고 1983년 민정 이양이 이뤄진다.

성공한 기업가 출신 마크리 Mauricio Macri 는 부에노스아이레스 시장을 역임하면서, 공공부문 개혁으로 능력을 입증받아 2015년 대통령에 당선된다. 무상정책으로 인해 거의 파산상태인 나라를 살릴 것으로 기대하였으나, 국민들은 보조금 등 공짜의 굴레를 벗어나지 못하였다.

그들은 시장친화적 정책으로 경제를 정상화시키는 것을 기다리지 못하고, 2019년 대선에서 좌파연합의 페르난데스 Alberto Fernández 를 선택한다.

부통령이 된 크리스티나 Cristina 전 대통령은, 남편인 43대 키르치네르 대통령Nestor Kirchne: 재임 2003~2007에 이어 44대 대통령을 지낸 사람이다. 이 부부는 좌파 포퓰리즘의 원조격인 페론주의자들로, 원유가스회사 국영화와 공공 부분 팽창으로 나라를 도탄에 빠지게 했다.

2005년 360만 명이었던 연금 수급자는 그녀가 퇴임하던 2015년에 800만 명으로 늘어났고, 공무원 수는 230만 명에서 390만 명으로 늘었다. 이 나라는 2014년 두 번째 국가 디폴트를 맞이하고도 다시 비정상적인 국가 운영체제로 돌아갔다.

아르헨티나는 2018년 4천 4백만 명의 인구 중, 이탈리아와 스페인 출신이 90%로 유럽 외에서 백인이 가장 많은 곳이다. 6%의 메스티소와 4%의 아랍계 이외에도 일본, 중국 등 6만여 명이 살고 있다. 1971년 박정희 대통령의 이민장려정책으로 남미에서 한국계가 가장 많이 사는 나라이다.

Rio de Janeiro, Brazil

브라질, 삼바의 나라

리우데자네이루 Rio de Janeiro 는 500년 전 1월 이곳에 발을 디딘 유럽인들이 바다가 육지로 깊숙이 들어앉은 지형을 강으로 착각하는 바람에 '일월의 강'이라 불리게 되었다. 이곳에는 세계의 젊은이들이 가장 가고 싶어 하는 코파카바나 해변이 있다.

아름다운 자연과 환상의 해변 그리고 열정이 가득한 곳, 이름만으로도 가슴을 뛰게 하는 4㎞의 코파카바나 해변은 명성 그대로 아름답다. 뜨거운 태양과 순백의 모래밭, 그리고 짙푸른 파도로 일광욕과 파도타기를 즐기는 사람들이 많이 보인다.

시드니, 나폴리와 함께 세계 3대 미항으로 꼽히는 리우데자네이루에서 매년 사순절 직전 2~3월에 1주일간 밤낮없이 축제가 열린다. 카니발이 막 끝

난 직후에 도착한 우리는 극장에서 삼바 쇼를 감상하는 것으로 축제의 여흥을 대신하였다.

리우의 카니발은 19세기 포르투갈인에 의해 만들어진 사육제로 브라질만의 고유한 축제이다. 원주민의 전통문화 및 아프리카의 타악기 리듬과 춤이 접목된 것으로, 독일 뮌헨의 맥주 축제Octoberfest, 일본 삿포로의 눈꽃축제와 함께 세계 3대 축제로 불린다.

파우 브라질Pau-Brasil 지역에서 붉은색 염료로 쓰이는 브라질우드brazilwood가 수출되면서 유럽에서는 이 지역을 '브라질의 땅'이라 부르기 시작하였다. 포르투갈인들도 타오르는 불꽃 같다는 뜻의 '브라지레'라고 부르다가 현재의 국명 '브라질'이 되었다. 남벌로 멸종 위기인 국목國木 브라질 나무는 이제 식물원에 가야만 볼 수 있다.

슈가로프산은 포르투갈어로 빵데 아수카루Pao de Acucar라는 산 이름의 첫 글자가 빵으로 발음이 되다 보니 '빵산'으로 부르게 되었다. 396m 높이의 바위로 된 봉우리는 케이블카를 타고 올라가 중간에 한 번 다시 갈아타야 한다. 정상에서 내려다보이는 보타포구 해변의 수많은 요트들이 이곳이 세계 최고 휴양지임을 보여준다.

자연이 빚어낸 환상적인 풍경은 우리를 리우의 매력에 흠뻑 빠져들게 한다. 피라미드 모양으로 설계되어 내부에 기둥이 없는 리우데자네이루 대성당의 아름다운 스테인드글라스가 인상적이다.

남미의 반을 차지하는 브라질의 인구는 2억1천여만 명이며 수도는 브라질리아이다. 세계 최대의 포르투갈어 사용 국가로 가톨릭 인구가 가장 많은 나라이다. 지구에서 가장 거대한 열대우림의 개발과 보존 요구 사이에서 갈등이 많은 나라로, 수많은 자연자원으로 발전 잠재 가능성이 매우 크다.

1500년 페드로 알바레스가 상륙하기 전까지 많은 부족들이 살고 있었던 브라질은 1808년까지 포르투갈 제국의 식민지배를 받았다. 1822년 브라질 제국이 독립을 선포하고 입헌군주정을 하다가 1889년 대통령제 공화국이 되었다.

엄청난 크기의 농지를 바탕으로 150년 동안 세계에서 커피를 가장 많이 수출하고 있다. 성장하는 경제와 인구에 기반하여 미래의 강대국으로 떠오를 브라질은 UN의 창립 국가이며 G20의 일원이다.

National Museum of Brazil

거대 예수상과 국립 박물관

1806년 나폴레옹이 대륙 봉쇄령으로 영국과의 교역을 금지했으나, 포르투갈이 비밀리에 교역하다가 발각되어 프랑스의 침공을 받는다. 이에 겁을 먹은 주앙 6세는 1808년 일족一族과 함께 자신의 식민지인 브라질로 피신하여, 지금의 국립박물관 건물을 왕궁으로 사용하였다.

1814년 나폴레옹이 실각하고 대륙 봉쇄령이 해제되자, 1822년 주앙 6세는 포르투갈로 귀국했다. 황태자 돔 페드로는 리우에 남아 독립을 선언하고 페드로 1세가 되어, 1889년 무혈 쿠데타로 공화제가 실시될 때까지 남미의 마지막 왕조를 이어갔다.

1818년 왕궁에 세워진 브라질 국립박물관은 2018년 9월 2일, 화재로 2천만여 점의 소장품이 사라졌다. 2013년 3월 단체 여행으로 방문했을 때 일정에 없었던 이 박물관 투어는 남편의 집요한 요구로 이루어졌다. 화재 후, 우리의 유튜브 동영상을 본 많은 외국인들이 이제는 여기에서만 볼 수 있다며 감사의 댓글을 남긴다.

입구에는 무게 5.36톤, 길이 2m인 철과 니켈로 구성된 벤데고 운석 Bendegó Meteorite이 있다. 1784년 발견된 이 운석은 운송 중 벤데고 시냇물에 떨어져 100년 이상 그곳에 있다가 페드로 2세에 의해 1888년 국립박물관으로 옮겨졌다.

이곳에는 아메리카에서 가장 오래된 1만3천 년 전의 인간 화석이 있다. 고고인류학자들이 7백만 년 전부터 나타났다고 주장하는 오스트랄로피테쿠스를 시작으로 아파렌시스, 호모 하빌리스, 호모 에렉투스와 네안데르탈,

호모 사피엔스 자료도 전시되어 있다.

특히 눈길을 끈 것은, 2억 년 전 화산 폭발로 매몰되어 화석으로 남은 공룡 티라노사우루스의 알이다. 반으로 가른 화석 알 속에 웅크리고 있는 태아 공룡 모습이 보인다.

페드로 2세의 컬렉션은 페루, 볼리비아, 칠레 및 아르헨티나의 아마존 문화, 그리고 멕시코와 니카라과의 메소아메리카 문화를 보여준다. 9~15세기 의인화된 뚜껑 있는 장례 항아리 Miracanguera 문화가 눈길을 끌었다.

브라질 정부의 과도한 예산 삭감으로 노후되어 200년 만에 불타버린 남미 문화의 보고는 이제 다시 살아나고 있다. 영국 문화원의 1.5억 달러 기증 등으로 2019년 3.3억 달러가 모금되었고, 작품 기증도 쇄도하고 있다.

코즈메베료역에서 전동차를 타고 20분 정도 정상을 향해 밀림 속의 가파른 협곡을 올라갔다. 차창을 통하여 나타나는 열대우림의 꽃, 새, 나무 열매 등 이국의 풍광에 익숙해 질 무렵, 종착역에 내려 계단으로 올라갔다.

1931년 브라질은 독립 100주년을 기념하여, 해발 710m의 코르코바도 바위산 정상에 높이 30m, 두 팔의 너비 28m, 무게 1,140톤의 거대한 예수상을 세웠다. 이 예수상은 리우 사람들의 깊은 신앙심으로 완성된 것으로, 설치에 필요한 모든 재료들은 우리가 타고 올라온 협궤열차로 운반되었다.

신 세계7대 불가사의로 선정된 거대 예수상의 전체 모습을 담기 위하여 많은 사람들이 누워서 사진을 찍는다. 예술적으로 한가지 흠이 있다면, 두 팔이 너무 일직선으로 되어 있어 예수께서 인류를 포근하게 감싸는 느낌이 덜하다는 것이다.

사진에서나 보던 거대 예수상을 보기 위하여 여기까지 왔는데, 너무 짙은 안개가 끼어 바로 앞도 볼 수가 없었다. 그러나 차라리 선명한 콘크리트보다는 어렴풋이 보이는 거상이 마음속에 있는 예수의 모습을 그려보기에 더 좋았다.

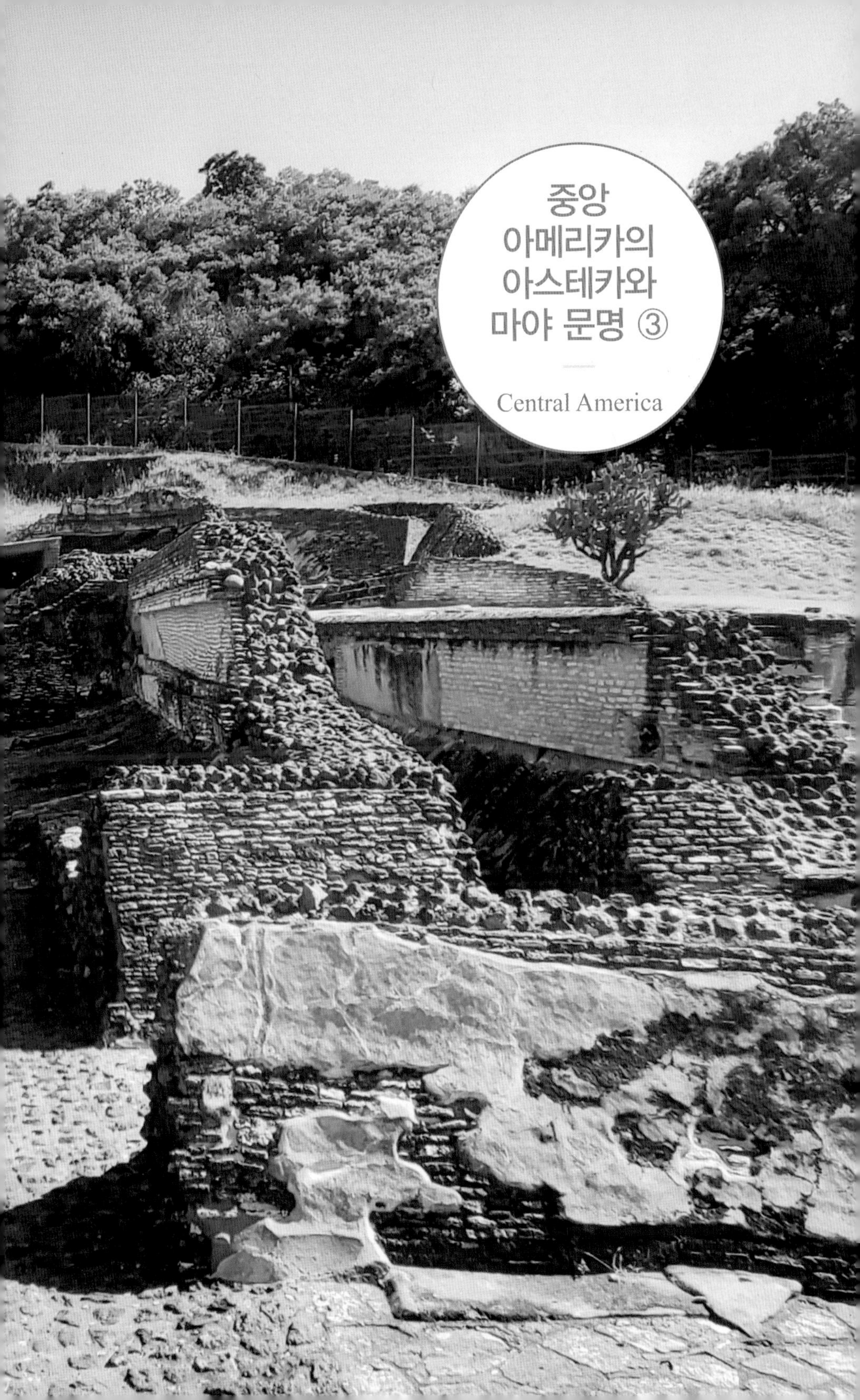

중앙 아메리카의 아스테카와 마야 문명 ③

Central America

Mexico

팬데믹 중에 공짜로 돌아본 멕시코

뉴욕에서 멕시코시티를 거쳐 세계적인 휴양지 칸쿤까지 다녀오는 항공권은 성수기인 12월에도 항공 마일리지 4만 점과 공항세 80불 정도로 얻을 수 있다. 연회비가 95불인 체이스은행의 United Explorer Card를 개설하여 3개월 동안 3천 불 사용으로 7만 점을 받았다. 그리고 힐튼 아너스 아메리칸 익스프레스 서피스 카드 개설로, 3개월 동안 2천 불을 사용하여 13만 포인트를 받아 항공권과 호텔비를 해결하였다.

2021년 7월 멕시코의 코비드 하루 확진자 수가 1만 명에서 8월 9일 출발일에는 2만 명으로 늘어 적색경보가 내려졌다. 일반 여행객의 육로 여행에 이어 항공로까지 막힐 지경에 이르렀지만, 공항과 명소 등에서는 사회적 거리두기와 마스크 착용으로 코로나 확산 방지에 최선을 다하고 있었다.

멕시코시티 공항에서 입국 수속을 마치고, 출구에서 멀수록 환율이 좋아지는 곳을 찾아 환전을 하였다. 명소 입장료나 통행료는 페소로만 받고 간혹 미국 달러를 받는 경우에는 공항보다 훨씬 불리하다. 지방에는 ATM도 드물고 환율도 낮을뿐더러 미국과 멕시코 양쪽에서 수수료를 뗀다.

힐튼 포인트 7.2만 점으로 멕시코시티의 역사지구에 있는 햄프턴 인에서 4박을 하였다. 500m 떨어진 소깔로 광장과 템플로 마요르 등은 걸어서 돌아보고, 인류학 박물관과 차풀테펙성 그리고 과달루페 성당과 소치밀코는 우버를 이용하였다.

미국과의 통신 협정으로 추가요금 없이 로밍이 되는 멕시코에서 우버를 부르면 7분 이내에 상상을 초월하는 저렴한 가격으로 달려온다. 운전자와의 대화나 요금 실랑이 없이 팁도 미리 설정된 크레디트 카드로 지불할 수 있어 팬데믹에 딱 맞는 이동수단이다.

외곽에 있는 테오티우아칸 유적지와 촐룰라 피라미드는 가성비를 고려하여 현지여행사 아미고 투어를 이용하였다. 칸쿤으로 날아와 렌터카로 유카탄반도의 마야유적지를 방문하였다.

850㎞ 서쪽에 있는 팔렝케로 가는 중에 칸쿤에서 3시간 거리에 있는 마야 유적지 치첸이트사를 방문하였다. 2시간을 더 달려 영화 〈애니깽〉의 배경지였던 메리다의 한국이민역사박물관을 찾았다.

팔렝케 유적지에서 동쪽으로 이동하며 선선한 오전에 욱스말과 툴룸, 코바, 발람 등을 방문하였다. 유카탄 지역의 세노테 중 대표적인 익킬과 스케켈을 찾아 수십 미터 지하로 내려가 차가운 물에 더위를 식혔다.

3천 년 전부터 시작된 마야 문명 유적지들은 환상적인 모습으로 신비롭게 다가왔다. 투어 끝 즈음에는 섭씨 38도의 고온 다습한 날씨로 숨이 막히고, 겉옷에 하얀 소금기가 배어 나왔지만, 처음 접하는 문명과의 만남은 그마저 잊게 하였다.

유료도로는 시속 110㎞로 달리는 데 문제가 없으나, 일반 도로에는 포트홀이 많아 각별한 조심을 해야 한다. 보험료 포함 6일에 306불로 빌린 작은 한국산 차는 주차가 편리했고, 도로의 파손된 부분을 쉽게 피해 갈 수 있었다.

백신 접종자는 멕시코에 제한 없이 들어갈 수 있으나, 미국으로 올 때는 귀국 3일 이내에 코비드 음성 판정을 받아야만 항공기에 오를 수 있다. 공항 터미널 안으로 들어가 290페소[18불]에 검사를 받고 30분 만에 결과를 얻었다.

Templo Mayor Museum

인간 농장으로 멸망한 아스테카

멕시코 헌법의 탄생지로 불리는 소깔로 광장은 아스테카 문명과 스페인 식민지 시절 유적이 산재해 있는 야외 박물관이다. 몬테수마 궁전 자리에 세워진 국립궁전은 대통령 집무실이 되어 수많은 시위 군중들의 외침을 듣고 있다.

메트로폴리탄 성당 옆 템플로 마요르는 아스테카의 흔적을 볼 수 있는 유일한 유적지이다. 아스테카의 수도를 함락시킨 스페인은 신전을 철거하고 그 위에 가톨릭 성당을 세웠다. 유리 바닥을 통하여 텍스코코 호수 위에 떠있었던 모습을 상상할 수 있다.

1200년 톨텍 왕국이 멸망하자 북부 멕시코 사막에 살던 멕시칸들이 중앙 멕시코 지역으로 남하한다. 쓸모 있는 땅이 모두 다른 집단들에게 선점되어, 그들은 주변국의 용병으로 활약하며 힘을 쌓는다.

1299년 독립을 선언한 멕시칸들은 콜후아족의 공주를 살해하는 일로 전쟁 위기를 맞이한다. 싸움이 시작되기 직전 굉음과 함께 사원 꼭대기에 독수리가 앉은 것을 본 콜후아 족장은 공격 대신 이들을 추방한다. 독수리를 따라 호수 한가운데의 섬에 도착한 그들은 진흙 펄을 메워 테노치티틀란을 건설하고 중심에 아스테카 사원을 짓기 시작한다.

1325년 세워진 아스테카 사원은 1440년 몬테수마 1세가 100×80m 크기로 확장하여 거대한 플랫폼을 만들고, 그 위에 두 신전을 세워 물의 신과 태양의 신에게 바쳤다. '멕시카'라는 도시국가를 건설한 그들은 훗날 멕시코 국기에 선인장 위에서 뱀을 물고 있는 독수리를 그려 넣었다. '아스테카'는 멕시카의 건국 신화가 탄생한 아스틀란Aztlan에서 유래한 것이다.

테파넥 족이 세운 도시국가 아스카포찰코의 왕 테조조목은 용맹하고 잔인한 아스테카인들을 자신의 지배하에 두어 도시왕국에서 제국으로 떠오른다. 1426년 테조조목의 후계자 막스틀라의 폭정에 맞선 테노치티틀란은, 텍스코코와 틀라코판을 연합한 삼각동맹군으로 1428년 아스카포찰코 제국을 멸망시킨다.

새롭게 부상한 아스테카 제국Imperio azteca은 멕시코 분지의 도시국가들을 복속시킨다. 그들은 정복된 나라가 공물을 바치거나 새로운 적국과의 전쟁에 군사력을 제공하는 조건으로 자치권과 권력층을 보호해주었다. 멕시코 중앙부와 과테말라까지 장악한 그들은 20여만의 대도시로 성장하여, 당시 인구가 5만이었던 런던을 능가하였다.

1440년 아스테카 제국의 몬테수마 1세는 기존의 권력층 대신 정복지에 감찰관을 파견하여 세금을 걷었다. 사제나 지도층 자녀들이 다니던 '칼메칵'이라는 고급 학교에 재능있는 평민들도 입학하게 하여, 평민이 나중에 공을 세워 왕의 자리에까지 오르기도 하였다. 아스테카는 전 국민에게 의무교육을 시킨 최초의 나라로, 15세가 된 청소년들은 '텔포치칼리'라는 학교에 입학하여 전쟁과 예술, 그리고 지역사회를 위한 교육을 받았다.

인신공양 풍습을 갖고 있던 아스테카 제국은 '꽃의 전쟁'으로 신에게 바칠 포로를 구하였다. 1450년경의 대기근을 신의 분노라 믿은 사제들은 더 많은 사람들을 제물로 바쳤고, 황제는 주기적인 '꽃의 전쟁'을 통하여 전사들의 실전 능력을 키웠다.

주변국에 외교사절로 파견된 관리포치테카가 "아스테카가 위태로워졌다."라는 가짜뉴스를 퍼뜨리면 독립을 마음에 품고 있던 무리들이 일어나 먼저 전쟁을 일으킨다. 이때 강력한 중앙군이 이들을 산 채로 잡아, 불순분자를 색출하고 인신공양 제물도 구하는 일석이조의 효과를 거두었다.

소와 돼지 등 가축이 없었던 그 사회에서 희생자의 몸은 중요한 단백질 공급원이었다. 적대적인 마을에서 사람을 산 채로 잡아 오고 아이들은 그 인간 농장에서 더 자라도록 놓아두었다. 1521년 인구 600만의 아스테카 제국은 인간 농장으로 원한이 깊었던 주변국들의 반란으로 스페인의 정복 전쟁에 패하여 멸망한다.

Mexico City Metropolitan Cathedral

메트로폴리탄 대성당

소깔로 광장에 들어서면 두 개의 첨탑과 돔으로 건축된 메트로폴리탄 대성당의 웅장한 모습이 나타난다. 1573년부터 1813년까지 240년에 걸쳐 건축하였기에, 바로크와 고딕, 그리고 르네상스 양식 등이 곳곳에 보인다.

이 성당은 에르난 코르테스가 1524년 아스테카의 수도 템플로 마요르에서 가져온 돌로 지으면서 시작되었다. 길이 128×폭 59×높이 67m의 지금 모습은 건축가 마누엘 톨사에 의해 완성된 것으로 중남미에서 가장 큰 성당이다.

황금으로 장식된 왕들의 제단과 용서의 제단이 엄숙한 분위기를 보여준다. 라틴 양식의 십자가가 새겨져 있는 내부에는 성가대석과 14개의 예배당,

대형 오르간 2대가 화려하게 자리 잡고 있다.

테노치티틀란이 함락된 후 템플로 마요르는 철거되고 그 위에 대성당이 세워졌다. 1790년 그곳에서 발견된 지름 3.5m 무게 24톤의 현무암 원형 태양석은 1885년까지 대성당 외벽에 장착되어 있다가 인류학 박물관으로 옮겨졌다.

멕시코시티는 매립된 섬 위에 건설되었기에 지반이 불안정하여, 1985년 진도 8.1의 지진으로 많은 건물이 무너지고 1만 명 이상이 사망하였다. 이 성당도 상당한 피해를 입어 붕괴방지를 위한 여러 가지 방법이 동원되고 있다.

라틴아메리카 문화의 중심지 멕시코시티 인구는 900만, 광역도시로는 2천만 명으로 전 국민의 20% 이상이 살고 있다. 열대 기후대에 속하지만 해발 2,240m에 위치하여 연평균 기온 18℃의 서늘한 날씨에 5월부터 9월까지는 우기이다.

북미대륙에서는 매년 10월 31일 '속이고 어르기 Trick-or-treating'로 귀신을 쫓는 핼러윈데이가 있다.

멕시코에서는 최대 명절로 10월 31일부터 11월 2일까지 '죽은 자의 날'로 정해, 망자를 기리는 행사를 한다. 메트로폴리탄 성당 앞 소깔로 광장은 가장 큰 행사장 중의 하나다.

현지 월마트에서 산 아보카도, 토마토, 레몬, 양파로 만든 과카몰레와 삶은 달걀, 믹스 너트 등으로 점심을 만들었다. 식수로 인한 배탈을 우려하여 1갤런에 2불이 안 되는 병물과 껍질을 벗겨 먹을 수 있는 오이 등으로 식사를 해결하였다.

Basilica of Our Lady of Guadalupe

세계 3대 성모발현 교회

과달루페 성당은 프랑스의 루르드, 포르투갈의 파티마와 함께 로마 교황청이 인정한 세계 3대 성모발현지이다. 새 대성당에는 독립전쟁 시 군대가 이동할 때 앞장세웠던 과달루페 성모 Virgen de Guadalupe 상이 있다.

1974년 노벨 문학상 수상자 오타비오 파스는 "과달루페 성모는 멕시코 국민들의 정신적 요람과 국민적인 행운의 대상으로서 유일무이한 지위를 차지하고 있다."라 말한다. 과달루페 성모는 멕시코의 종교와 문화를 대표하는 가장 대중적인 이미지이다.

1531년 12월 9일 원주민 후안 디에고가 테페약 바위 언덕을 넘을 때, 신비로운 빛을 내는 구름 속에 성모가 나타나 “나는 내 도움을 요청하는 모든 백성의 자비로운 어머니이다. 그들의 비탄의 소리를 듣고 모든 고통과 슬픔을 위로하고 있다. 내가 발현한 이곳에 성당을 세우길 바라니 너는 내 뜻을 주교에게 전하라.” 하신다. 이에 디에고가 수마라가 주교가 자신의 말을 믿지 않는다고 하소연하자, 성모는 “후안, 네가 처음 나를 만났던 언덕에 피어있는 장미꽃들을 틸마에 싸서 주교 앞에 가져가라’ 하셨다. 디에고가 주교에게 “성모님이 보내신 꽃입니다.”라며 망토를 펼치자, 장미꽃이 마룻바닥에 폭포처럼 흩뿌려지면서 성모 형상이 디에고의 틸마에 새겨지는 기적이 일어났다.

성화에 새겨진 성모의 키는 1m 45㎝로 황갈색 피부에 머리카락은 검은색으로 발아래까지 내려온 밝은 청록색의 외투를 걸치고 있다. 금빛 꽃무늬가 새겨진 옅은 분홍색 드레스의 하얀 소매 깃은 순교를, 가슴 부근의 검은색 리본은 토착민 전통에 의한 것으로 임산부를 의미한다.

금빛 광선으로 둘러싸여 있는 성모가 악마를 상징하는 검은 초승달을 밟

고 서 있고, 어린 천사가 성모의 옷자락을 떠받들고 있다. 「요한 계시록」 12장 1절 “하늘에 큰 이적이 보이니 해를 옷 입은 한 여자가 있는데 그 발아래에는 달이 있고 그 머리에는 열두 별의 관을 썼더라.”라는 구절이 생각난다.

2002년, 후안 디에고는 성인Saint 으로 추존되었다. 성직자가 아닌 평신도로 살면서 그가 전한 메시지로 많은 원주민들이 개종하여, 멕시코 국민의 89%가 가톨릭 신자가 되는 데 큰 역할을 하였다.

성모가 발현하였던 성 미카엘 성당에서 내려가면 원주민들이 성모를 향하여 경배하는 조형물이 나타난다. 광장으로 가는 길에는 최초의 원주민 교회인 샘물교회가 있다. 성모 마리아의 발현은 원주민들이 수천 년의 관습에서 깨어나는 진정한 구원의 사건이다.

스페인 선교사들은 예수를 믿어 하나님의 형상으로 다시 태어나, 동물의 형상으로 만든 존재하지 않는 신을 위해 사람이 사람을 죽이지 말라 가르쳤다. 포졸레 Pozole 는 사람의 허벅지살을 양파, 감자 등과 함께 삶은 수프였으나, 지금의 포졸레는 돼지고기를 넣어 만든 전통음식으로 모든 식당에서 빠질 수 없는 메뉴가 되어있다.

Cholula & Puebla

세계에서 가장 큰 촐룰라 피라미드

기단 한 변의 길이가 450m인 촐룰라 피라미드는, 이집트 대피라미드보다 기단의 길이가 두 배 이상으로 세계에서 가장 크다. 입장료 80페소를 내고 들어서면 기원전 3세기부터 9세기까지 건설되어 산처럼 숲에 묻혀있는 피라미드의 모습을 볼 수 있다.

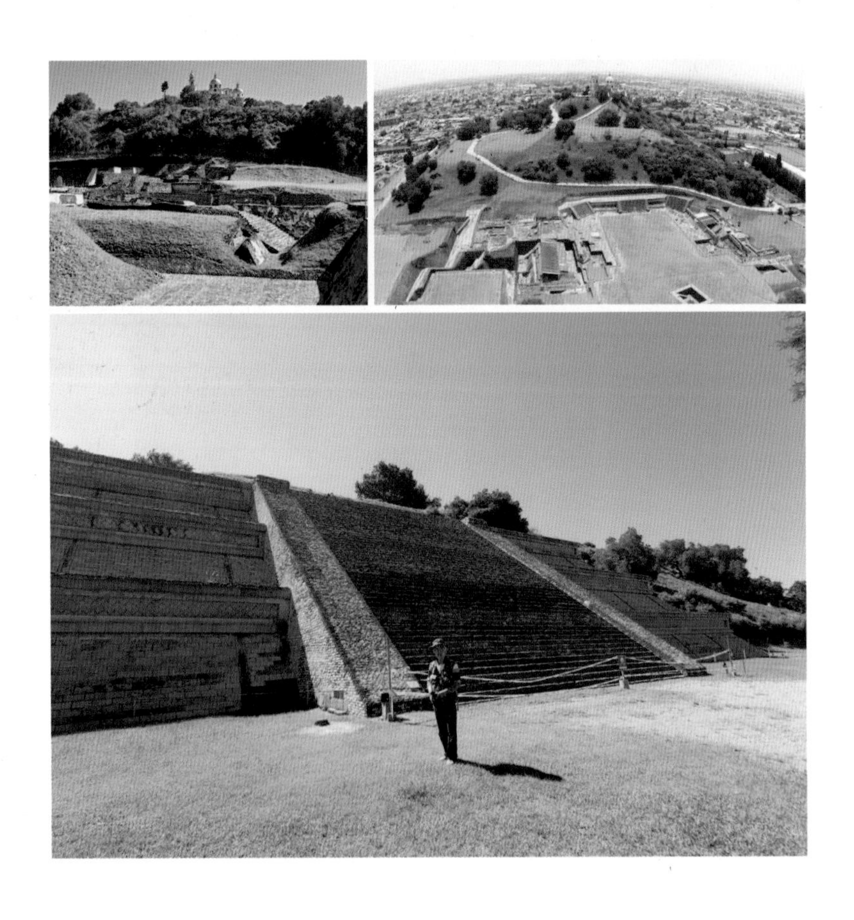

기단 끝에 이르면 왼쪽에 언제든 폭발할 기세로 하얀 김을 품어내고 있는 화산이 멀리 보이고, 오른쪽으로는 피라미드가 펼쳐진다. 피라미드 내부에 뚫은 8㎞의 터널 중 800m가 개방되어, 아치형 통로로 피라미드의 내부도 감상할 수 있다. 66m 정상의 황금색 성당은 팬데믹으로 올라갈 수 없었다.

첫 발굴은 1931~1950년 스위스 태생 미국 고고학자 반델리어Bandelier에 의해 이루어졌고, 마지막 발굴은 1966~1970년에 촐룰라Cholula에 의해 종료되었다. 1,200년 동안 새로운 왕조가 들어설 때마다 6차례나 쌓아 올려진 피라미드 위에는 신전이 세워졌다.

촐룰라에서 10㎞ 떨어진 푸에블라로 가는 동안 산타마리아 성당, 산프란시스코 성당 등에 들러 아름다움과 성스러움을 느껴볼 수 있다. 멕시코에서 가장 살기 좋은 도시로 꼽히는 이곳은 피라미드를 무너뜨리고 그 위에 100여 개의 교회가 지어져 성당의 도시로 불린다. 푸에블라 대성당 주위에는 수많은 천사상이 있어 천사의 도시라고도 한다.

가이드의 안내로 일행들과 함께 간 식당에서 세정제 스프레이를 마친 다음, 통풍이 안 되는 구석에 합석하라고 한다. 식당 곳곳에는 음식을 기다리며 마스크를 벗고 고함치듯 대화하는 건장한 멕시코인들이 보인다. 따로 앉는 것을 허락하지 않아, 점심 한 끼에 목숨 걸 이유가 없어 그곳을 나왔다. KFC에서 점심을 해결하고, 커피 향을 따라 들어간 스타벅스에서 널널하게 앉아 휴식을 취하였다.

아스테카 문명의 금자탑을 관람한 후 그들의 멸망을 되돌아본다. 아스테카 멸망의 장본인이 된 코르테스의 승승장구를 두려워한 쿠바 총독 벨라스케스는, 그를 유카탄반도 탐험대장에서 해임한다. 1519년 이를 무시한 코르테스는 병사 508명과 말 16필을 11척의 배에 태우고, 독자적으로 베라크루스에 상륙한다. 그리고 이곳에 도시를 건설한 그는 촐룰라에서 틀락스칼라

족과 동맹을 맺는다.

활화산을 넘어 아스테카로 진군한 그는 아스테카의 초청으로 테노치티틀란궁에 들어가 정세를 파악하다가 몬테수마 2세를 사로잡는다. 그의 행동을 좋지 않게 본 쿠바 총독 벨라스케스가 코르테스의 체포를 명령하자, 그는 부관 알바라도를 궁에 남게 하고 베라크루스로 떠난다.

알바라도는 봄축제를 즐기는 아스테카 귀족들이 반란을 모의한다고 오해하여 600명을 학살한다. 코르테스가 승리를 거두고 수백 명의 귀순 병사들과 전리품으로 많은 군마를 거느리고 돌아왔을 때는 이미 사태가 심각해진 후였다. 포위망을 뚫기 위하여 황제에게 설득을 부탁해 보았지만, 황제마저 흥분한 백성들의 돌과 화살을 맞고 사망하고 말았다.

스페인군이 전투 중 죽어 강을 메우자 그들은 전우의 시체를 밟고 탈출한다. 이 사건의 몸통인 알바라도가 긴 창으로 9m의 강을 뛰어넘었던 자리는 관광명소가 되어있다. 다행히 추격해 오던 아스테카 병사들이 자신들의 전통적 전쟁 방식인 '꽃전쟁[살상 없이 포로를 사로잡는 전쟁]'의 습관대로, 스페인군을 몽둥이로 기절시켜 포박하느라 시간을 끈 덕분에 스페인군은 전멸을 면한다.

그렇게 남은 군마 23마리를 이끌고 동맹국까지 250㎞의 지옥의 행군을 한 스페인군 400명은 오툼바에서 4만 명의 아스테카군과 조우한다. 뒤쪽에 동맹군 2,000명을 배치한 코르테스가 기병대를 이끌고 질주해 오자, 달려오는 말을 처음 본 아스테카 병사들이 겁을 먹고 흩어져 재규어 복장을 한 지휘관을 쉽게 찾아 죽일 수 있었다. 그리고 대장이 죽자 아스테카군들은 달아나며 수천 명의 사상자를 남겼다.

1521년 스페인에서 온 천연두에 의해 황제가 죽자, 마지막 황제 쿠아우테목은 테노치티틀란으로 통하는 다리들을 파괴하고 한 개만 남긴 채 최후의 항전을 펼친다. 그러나 호수를 관장하던 텍스코코가 코르테스를 도와 아스테카 제국은 결국 멸망에 이르게 된다.

아스테카의 영화를 뒤로 한 채 우리는 국립 인류학 박물관으로 향했다.

Museo Nacional de Antropología

국립 인류학 박물관

멕시코에서 관광객이 가장 많은 국립 인류학 박물관 입장료는 80페소로, 팬데믹으로 인하여 하루 수용인원 5천 명의 20%인 1천 명만 입장시킨다. 'ㅁ'자 형태의 2층 건물 안으로 들어서면 생명을 상징하는 세이바 나무 기둥에서 분수가 힘차게 흘러내린다. 이곳에는 메소아메리카의 유물 8천여 점이 전시되어 있다.

중간아메리카라는 뜻의 메소아메리카 Mesoamerica 는 중미에 번성하였던 테오티우아칸, 아스테카, 마야 등의 문화 공간을 의미한다. 지리적으로는 지금의 남부 멕시코, 엘살바도르, 온두라스, 니카라과와 북부 코스타리카를 일컫는다.

기원전 13세기에 발생한 올멕 문명은 메소아메리카 문명의 한 모체로 간주된다. 인신공양을 하였던 이들의 문자와 달력체계는 마야 문자와 수 체계, 달력에 영향을 주었다. 석조 거대 두상 Olmec Head 으로 유명한 '올멕'은 나후아틀 언어로 '고무 사람'이란 뜻의 올메카틀이 변형된 것으로, 고무공 게임이 이들에게서 시작되었음을 유추할 수 있다. 인간의 얼굴과 뱀의 몸을 지닌 물의 신은 케찰코아틀 신의 원형이 된다.

멕시코 중앙 고원에 8세기까지 존재하였던 테오티우아칸관에는 신관 거주지 케찰파팔로틀 궁전이 복원되어 있다. 화려한 전성기의 모습을 돌아보며 아직도 베일에 싸여있는 2천 년 전 문명의 실체가 밝혀질 날을 기대해 본다.

톨텍관에는 테오티우아칸이 몰락한 후, 툴라에 수도를 세운 톨텍인들의 유물이 전시되어 있다. 1150년 이방인들의 침략에 멸망하고 살아남은 톨텍족 일부가 차풀테펙 지역에 정착하여 훗날 아스테카 제국의 선조가 된다.

아스테카 제국의 축소 모형이 있는 멕시카관에는 그들의 수준 높은 예술을 보여주는 태양석이 전시되어 있다. 인신 공양 후 13만여 개의 두개골을 나무에 꿰어 보관하였던 촘판틀리도 보인다.

마야, 톨텍, 멕시카 등 각 전시관 1층 뒷문으로 나가면 그 시대의 신전과 정원이 있고, 지하층에도 유물들이 전시되어 있다. 원주민들의 근대생활을 보여주는 2층에는 가재도구, 의상, 종교 유물 등이 전시되어 있다.

기원전 3세기부터 16세기까지의 문명이 전시된 마야관에는 팔렝케 피라미드에서 발굴된 파칼 대왕의 청동 가면이 있다. 팬데믹으로 팔렝케의 현지 묘실 입장이 금지되어, 이곳 지하 묘실에서 당시의 모습을 돌아보았다.

비문의 신전에서 발견된 파칼왕 석관 상판 조각은 고전 마야 예술의 정수를 보여준다. 파칼왕 아래에 시발바의 세계가 입을 벌리고 왕 위로 세계의 중심 세이바 나무 주위로 천상의 새가 난다. 왼쪽 띠는 금성을 오른쪽 띠는 태양을 의미한다. 이 그림을 가로로 보면 그가 우주선을 운전하는 모습으로 보인다.

파칼은 구부리고 앉아 두 손으로 컨트롤을 조작하고 있다. 복잡한 의자에 앉아 왼발 뒤꿈치로 페달을 밟고 있는 그의 뒤쪽 바깥쪽에는 배기가스 같은 작은 불꽃이 보인다.

마야에는 중남미 원주민 왕국 중 역사상 유일한 문자로, 뜻을 나타내는 기호와 소리를 나타내는 기호가 결합된 표의·표음문자가 있다. 그들은 1개월을 20일로 13개월 260일인 태음력[촐킨]으로 제사를 지냈고, 18개월에 불길한 5일을 더해 1년이 365일인 태양력[합]으로 농사를 지었다. 이 2개의 달력은 서로 톱니바퀴처럼 돌아 52년마다 순환한다.

San Juan Teotihuacán

테오티우아칸 고대 유적지

아침 7시 아미고 호스텔 앞에서 출발하여 오후 3시에 돌아오는 테오티우아칸 투어버스에 올랐다. 영어 가이드가 잘 짜인 동선으로 안내해 줄 것을 기대하여 우버 대신 32불의 그룹 투어를 선택한 것이다. 멕시코시티 북동쪽 40㎞ 지점의 유적지 상가에서는 테킬라 tequila 를 시음하며, 용설란에서 섬유를 추출하고 흑요석으로 기념품을 만드는 과정도 보여준다.

'죽은 자의 길' 끝에서 달의 피라미드 쪽으로 2.4㎞를 걸으며, 태양의 피라미드와 케찰파팔로틀 궁전 등을 돌아보았다. 멕시코 고대 문명을 공부하고 있다는 가이드는 영어와 스페인어를 번갈아 가며 투어를 이끌었다.

기원전 600년부터 사람들이 살았던 테오티우아칸은 250년경부터 태양의 피라미드 등이 건설되면서 메소아메리카의 최대 도시가 된다. 누가 언제 지었는지 모르는 이 수수께끼 유적은, 350년부터 300년의 전성기 동안 2천여 건물이 들어서고 12만여 명이 거주하여 세계 6대 도시 반열에 올랐다.

750년경 기근으로 백성들이 반란을 일으켜 많은 사람들이 죽고 떠나면서 폐허가 된 채 토사에 덮인다. 중앙대로 집터의 불에 탄 흔적들은 멸망 당시의 모습을 보여준다. 700년 뒤 아스테카인들은 사람들이 전혀 없는 이곳을 신비스럽게 여겨 '신의 탄생지'라는 의미로 '테오티우아칸'이라 불렀다.

태양의 피라미드는 제사를 지내던 동굴 5개 위에 한 변의 길이 220m, 높이 75m의 정사각형 구조로 지어졌다. 정상까지 오르는 260개 계단은 마야의 태음력의 1년인 260일과 동일한 숫자로 태아가 엄마의 뱃속에서 머무는 기간과 같다.

무너진 정상이 개축되어 높이가 65m로 낮아졌지만, 아직도 이곳에서 가장 높은 태양의 피라미드는 사람의 손으로 1백 년 동안 1억 개의 돌을 쌓아

올린 것이다. 정상의 인신공양 제단에서는 사람의 심장을 제물로 바치지 않으면, 다음날 태양이 뜨지 않는다는 신앙을 가진 제사장들이 전쟁포로들을 제물로 삼았다.

피라미드 주위에서 발굴된 수많은 두개골로 매년 수만 명 이상이 희생되었음이 밝혀졌다. 기근으로 수확이 줄면 제사는 더 빈번해졌고, 희생자의 몸은 단백질 공급원이 되었다. 인육을 먹었다는 증거는 절단 흔적과 끓길 때 생기는 뼈의 변형으로 증명되었다.

케찰코아틀 신전은 농경의 신 '케찰코아틀'을 모신 곳으로 새[케찰]와 뱀[코아틀]의 형상으로 장식되어 있다. 케찰은 신성한 새로 물과 바람 등을 주관하는 뱀과 함께 고대 멕시코인의 신이다.

여러 번 쌓아 올려 지금의 견고한 모습이 된 달의 피라미드는 태양의 피라미드보다 낮지만 높은 대지 위에 있어 둘의 높이는 같아 보인다. 기울었다가 새롭게 차오르는 달을 죽음을 넘어서는 부활의 상징으로 여긴 원주민들은, 달의 피라미드 위에서 인신공양 제사를 지냈다.

신관의 거주지 케찰파팔로틀 궁전은 석주 사이의 붉은 화병과 소라 형태의 악기 그리고 케찰새 벽화 등으로 장식미가 뛰어나다. 테오티우아칸은 마야에 비해 화려하지는 않지만 마야의 피라미드로 이어지는 중요한 문명이다.

Castle of Chapultepec

차풀테펙성에서는 무슨 일이?

팬데믹으로 차풀테펙성 국립역사박물관의 입장객 수가 1,800명으로 제한되어 오후 2시에 헛걸음을 쳤다. 다음날 호텔에서 우버로 4불에 20분 만에 도착하여, 시니어 혜택으로 입장료 80페소를 면제받고 들어갔다.

아름답게 조성된 숲속 산책로를 오르는 동안 멕시코시티가 오른쪽 언덕 아래로 펼쳐진다. 한때 황제의 궁이었던 차풀테펙성과 정원을 감상하며 멕시코의 아픈 역사를 돌아보았다.

1821년 스페인의 장교로 독립군 토벌 대장이었던 이투르비데가 반란을 일으켜 스페인으로부터 독립한다. 1822년 제1멕시코 제국의 초대 황제 아구스틴 1세가 된 그는 중앙아메리카 원정 실패 등으로 10개월 만에 산타 안나가 이끄는 공화 혁명으로 퇴위한다. 유럽으로 망명한 그는 1824년 재입국을 시도하다 붙잡혀 총살당한다.

1824년 독립전쟁의 영웅 페르난데스가 멕시코 초대 대통령이 된다. 과달루페의 성모에 감사하여 '과달루페 빅토리아'로 개명한 그는 노예제도를 폐지하고 강대국들과 외교 협약을 맺는다. 1833년 산타 안나가 쿠데타로 집권하여 수차례 대통령에 당선된다. 그는 독립을 선언한 텍사스공화국을 침공하였다가 포로로 잡혔고, 텍사스의 독립을 승인하는 조건으로 풀려난 후 멕시코 영토의 반을 내어주는 치욕적인 역사를 썼다.

1846년, 군사학교였던 이곳에서 6명의 생도가 멕시코시티를 점령한 미국에 항복을 거부하고 죽음을 택하였다. 그중 에스쿠티아가 미국인의 손에 멕시코의 국기를 넘겨주지 않기 위해 국기를 두르고 투신하는 모습이 궁전 입구의 천장에 그려져 있다.

1845년 미국이 텍사스 공화국을 합병하자, 멕시코 정부는 전쟁 행위로 간주하여 미국과의 외교를 단절한다. 독립한 멕시코가 스페인 영토의 상속권을 주장하자, 미국은 8만 명의 멕시코인이 살고 있는 미 서부 지역의 애매한 국경을 놓고 협상을 시도한다.

1846년 4월 멕시코군에 의해 미군 11명이 사망하자, 5월 미국 포크 대통령은 선전포고를 한다. 7월 멕시코 의회가 전쟁을 선언하자, 미군은 캄포Campo로 진격하여 항복을 받아낸다. 추후 멕시코 의회에서 이를 번복하지 못 하도록 스콧 장군이 멕시코시티까지 점령하여, 1848년 과달루페 조약을 체결한다. 500만 불의 미국 시민의 손해 보상금을 책정하여 1,500만 불로 땅값이 확정된다.

미국은 에이커당 5센트로 캘리포니아1850, 네바다1864, 유타1896, 애리조나1912 등의 매입에 성공한다. 거대한 영토를 얻은 미국은 태평양으로 진출하여 서부개척을 완성한다.

1857년 '라 레포르마'라는 개혁으로 멕시코의 첫 원주민 대통령이 된 후아레스가 내전으로 재정이 고갈되자 외채상환 중단을 선언한다. 이 사건으로 멕시코에 들어온 영국과 스페인군은 협상으로 철수하였으나, 1861년 프랑스군이 멕시코시티를 점령하는 구실을 주었다.

1864년 막시밀리아노 1세는 프랑스 나폴레옹 3세의 후원을 받은 멕시코 보수파에 의해 제2멕시코 제국의 황제로 추대된다. 오스트리아 황제 프란츠의 동생으로 제위 계승권을 포기하고, 후아레스 대통령 재직 중에 멕시코 황제가 된 그는 후아레스가 이끄는 게릴라군의 저항에 시달렸다.

1866년 프러시아와의 전쟁으로 프랑스군이 철수하자, 막시밀리아노는 미국의 지원을 받은 자유주의자 후아레스의 혁명군에게 체포된다. 3년간의 황제 생활을 마감하고 형장의 이슬로 사라진 마지막 황제의 프랑스식 궁전은 품격있게 관리되고 있다.

1876년 대통령이 된 디아스는 35년간 재임하였으나 집권기 후반 불평등한 분배구조 심화로 1911년 사임한다. 1층에는 멕시코 벽화의 거장 시케이

로스의 작품이 방 하나를 메우고 있다. 이 그림은 디아스가 자신의 임기를 늘리기 위하여 헌법을 개정하고 독재정치를 했던 이야기를 풍자한 것이다.

1970년대 중반 포르티요 대통령 시절 주요 산유국이었던 멕시코는 석유에서 얻는 수입을 믿고 계속 외채를 도입하여 경제개발을 추진한다. 하지만 1980년대 중반 세계 유가 하락으로 심각한 재정적 위기에 처하자, 이어 집권한 대통령들은 국영기업 민영화와 시장 자유화 조치를 취한다.

Xochimilco

소치밀코와 황금천사탑

11불에 우버를 불러 32㎞ 거리의 소치밀코까지 43분 만에 도착하였다. 많은 관광객들이 운하 사이에 배를 띄우고 마리아치의 연주를 들으며 무더위를 달랜다. 아스테카 말로 '꽃밭'이라는 소치밀코는 호수 위에 갈대 짚을 깔고 호수 바닥의 진흙을 퍼올려 얹어 농사를 지었던 곳이다. 아스테카의 농경재배단지가 있던 곳으로 지금은 물이 오염되어 화훼단지로만 사용된다.

멕시코의 물에는 아메바가 많아 배탈이 날 수 있다기에 그 물로 씻은 샐러드는 먹지 않았다. 식당 앞을 지날 때마다 인육으로 끓였던 포졸레가 연상되어 쾌적한 호텔에서 햇반이나 누룽지로 저녁을 해결하였다.

멕시코의 한식당 '비원'보다 조금 저렴한 '고기나라'에서 오랜만에 삼겹살과 맛있는 된장찌개를 먹었다. 메뉴판 대신 앱으로만 주문을 받기에 한국말이나 영어가 통하지 않아 불편하였다. 저녁 7시쯤 5㎞ 떨어진 호텔까지 오는데 교통체증으로 30분 이상 걸려, 할증료가 붙은 우버요금 10불을 지불하였다.

멕시코의 영웅인 초대 대통령과 독립투사들의 유골이 안치된 황금천사탑은 그리스 승리의 여신 니케아를 형상화한 것이다. 차를 타거나 걸으면서도 보이는 레포르마 거리의 명소이다.

8월 13일 아스테카 멸망 500주년 행사와 주말이 겹쳐 교통체증에 걸렸다. 5㎞ 거리의 호텔까지 1시간 걸렸으나 우버요금은 5불이었다. 공항으로 가는 우버는 할증이 붙어 8㎞에 13불을 지불하였다.

오후 5시에 이륙하는 칸쿤행 항공요금은 가방 한 개 30불, 탑승료 50불이다. 1시간 일찍 출발하는 항공편을 물으니 4,750페소[240불]를 내라고 한다. 170년 전 1천5백만 불에 국토의 반을 내어준 억울함 때문에 미국 여권 소지자에게 다시 받아내려는 것은 아닌지….

2시간 반을 날아 도착한 칸쿤에서 미국운전면허증으로 차를 빌렸다. 렌터카 직원이 인터넷으로 67불에 산 보험은 멕시코에서 통하지 않는다며, 다른 보험을 사라고 한다.

그의 끝없는 겁주기를 극복하고 나니, 임시번호판을 단 새 차를 주며 깐깐하게 상태를 확인한다. 포트홀과 과속방지턱 그리고 좁은 주차장 등으로 차에 흠집이 날 가능성이 높기에 5만㎞를 달려 상처를 많이 입은 만만한 차로 바꾸었다.

Chichen Itzá

치첸이트사, 신 세계7대 불가사의

칸쿤에서 치첸이트사까지 유료도로 200㎞를 지나는데 두 번에 걸쳐 톨비 450페소[25불]가 들었다. 화물트럭이 적고 포트홀도 보이지 않아 시속 110㎞를 조금 초과하여 달렸다. 갑자기 나타난 임시 체크 포인트에서 총으로 무장한 경찰들의 불시 단속에 걸렸으나, 잘 대응하여 벌금 없이 통과할 수 있었다.

주차비 80페소, 입장료 533페소 그리고 50페소의 사진촬영권을 산 다음, 마스크를 쓴 채 체온 체크를 끝내고 치첸이트사에 입장하였다. 신용카드를 받기는 하나 카드머신 고장 등 변수에 대비하여 페소를 많이 준비해 가는 것이 좋다.

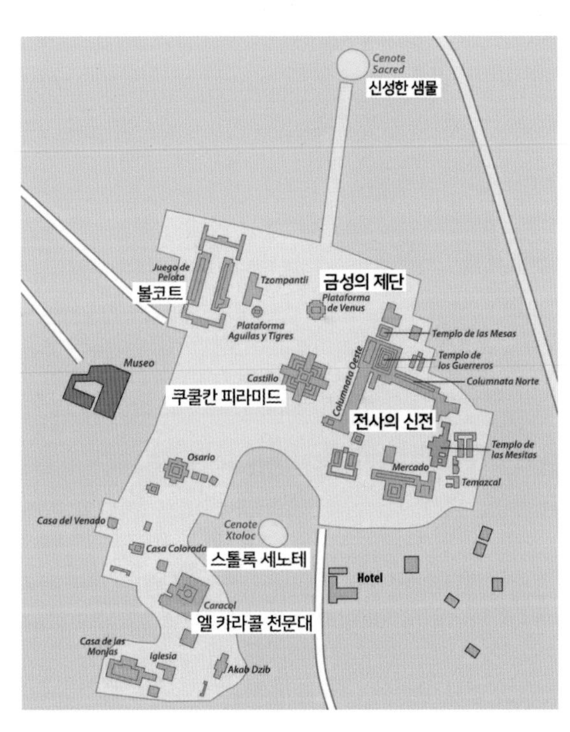

동트기 전에 출발하여 아침 8시에 도착하였는데도 하루 입장 3천 명 안에 들려는 사람들로 복잡하였다. 충분히 공부하고 왔기에 600페소가 드는 가이드 없이 노점상이 가득한 길을 지나 대광장으로 들어갔다.

514년에 건설된 치첸이트사는 '이트사의 우물 입구Chi:입구, chen:우물, itza: 부족 이름'라는 뜻으로 멕시코의 대표 마야유적지이다. 지표면을 흐르는 강 대신 지하수가 흐르다가 함몰된 싱크홀에 생긴 우물 주위에 도시가 형성된 것이다.

쿠쿨칸 피라미드El Castillo에는 사면을 따라 24m의 9층 꼭대기까지 91개의 계단이 있다. 이 각각의 계단을 더하면 364개이고, 정상의 제단을 합하여 1년의 날 수와 같은 365개가 된다. 중앙 계단 앞에 서서 손뼉을 치면 정상 부분에서 새소리가 들려온다.

매년 춘분과 추분에 서서히 몸을 꼬며 아래로 내려오는 뱀 모습의 그림자가 계단 발치에 있는 돌로 된 두 마리의 거대한 뱀 머릿속으로 사라진다. 마야인들은 이 의식으로 쿠쿨칸에 대한 숭배심을 키우며, 깃털 달린 뱀 쿠쿨칸이 자신들을 구원하러 온다고 믿고 산 사람을 제물로 바쳤다.

유카탄에서 가장 부유했던 치첸이트사는 9세기경 전쟁에 능한 톨텍족에게 정복당한다. 톨텍은 예술가를 뜻하는 말로, 돌을 잘 다루었던 그들은 치첸이트사의 문명을 파괴하는 대신 그곳에 그들의 문화를 덧입혔다.

톨텍이 지은 전사의 신전 주위에는 톨텍 전사의 모습이 새겨진 60개의 사각기둥이 있고, 오른쪽으로는 1천 개의 둥근 돌기둥이 끝없이 펼쳐진다. 신전 위 재규어 단에 올려놓은 희생자의 심장은 독수리의 먹이가 되었다.

이곳에는 달팽이라는 별명을 가진 23m 높이의 엘 카라콜 천문대가 있다. 천문학이 뛰어났던 마야의 금성 달력은 481년 동안 두 시간의 오차가 생길 정도로 정확했다.

손가락과 발가락 20개에서 유래된 20진법을 사용했던 그들은 '카툰'이란 단위로 태양력을 만들었다. 마야의 1년 365.2420일은 근대의 1년 365.2422

일과 거의 차이가 없다. 그들은 인도보다는 300년, 아라비아 상인들보다는 700년 먼저 0을 사용하였다.

길이 91m의 볼코트에서는 7명씩 두 팀으로 나뉘어 팔꿈치와 무릎, 허벅지로 8m 높이의 돌 고리에 고무공을 집어넣는 경기가 열렸다. 이 경기의 패자는 목이 베어져 제단에 장식되고, 승자 역시 희생제물로 바쳐지곤 했다. '두 개골의 벽'에는 선수가 참수를 당하는 장면이 묘사되어 있다.

마야 문명은 전쟁이나 다른 지역으로 이동한 흔적 없이 문명의 후계자를 남기지 않고 갑자기 사라졌다. 수레나 철제도구 없이 인간의 손과 발로만 신전을 건설하였기에, 강제노동에 시달리던 대중이 반란을 일으켰을 가능성이 높다.

Korean Immigration Museum, Merida

영화 〈애니깽〉의 배경지 메리다

멕시코시티에서 1,440㎞, 칸쿤까지 320㎞ 떨어진 유카탄반도 끝 메리다는 마야의 심장부로 가는 관문이다. 1542년 마야 도시 토T'ho 자리에 세워진 이곳에서 치첸이트사, 욱스말, 코바 등 마야 문명 유적들을 돌아볼 수 있다.

2000년 아메리카대륙의 문화수도로 지정된 인구 90만의 메리다에는 식민지 시절의 스페인풍의 건물들이 즐비하다. 이곳은 섬유를 추출하는 용설란 재배에 적합한 토양인 석회암 평야의 북단에 있다.

멕시코 이민역사는 1905년 1,033명의 한인들이 유카탄반도의 에네껜 농장의 계약 노동자로 가면서 시작된다. 태평양 연안의 멕시코 살리나크루스항에서 기차로 메리다에 도착하여, 그룹별로 20여 개 에네껜 농장에 분산된다.

이들이 인천항을 떠난 1905년 가을, 일본은 을사늑약으로 조선의 외교권을 박탈하고, 1910년 경술국치를 통해 조선을 식민지화한다. 4년의 계약 기간을 끝내고 조선에 도착한 이들은 나라가 없어져 여권이 휴짓조각이 되는 바람에 귀국을 거절당하고 돌아온다.

모집 광고에 하루 3원이었지만 정작 노동자들이 받은 금액은 30전이었다. 여비와 수수료로 200달러 2022년 가치로 6,400달러 를 부담한 농장주는, 땡볕 아래에서 용설란 가시에 찔리며 하루종일 노동에 시달린 이민자들에게 한 달에 쌀 한 섬의 임금을 지불하였다. 도망자의 채찍 수를 12대로 정한 그들은 채찍질 후 오렌지와 소금을 상처에 발라 바로 노동에 투입하였다.

에네껜 잎사귀는 두껍고 길이는 2m나 되며 날카로운 가시들이 무수히 솟아있다. 잎사귀의 단단한 밑동을 베어낸 다음 가시를 제거하고 잘린 잎사귀들을 50개씩 묶어 한 다발을 만드는 일이 에네껜 노동의 처음과 끝이다.

'애니깽'은 마야어로 '에네껜'이다. 지금도 멕시코 남부에서는 이 에네껜으로 노끈이나 밧줄, 가방을 만든다.

계약기간이 만료된 한인들은 법적으로 자유의 몸이 되었지만 이제까지 에네껜으로만 일해 온 한인들에게 그것은 그리 큰 의미가 없었다. 메리다로 나와 장사를 한 사람들도 있지만, 대부분은 이전의 일을 계속하였다.

당시 유카탄의 인구 30만 명 중 10만 명이 농장 노동자로, 에네껜 농장은 50명의 소왕小王이라고 불린 대농장주들의 소유이었다. 한인 노동자들은 몸도 건장하고 열심히 일하며 순종하였기에 인기가 좋았다.

1910년 멕시코 혁명으로 농장주들과 밀접한 관계를 맺었던 지배세력들이 무너지고 농민, 노동자에 기반한 혁명세력이 등장한다. 이후 동양인 노동자들에 대한 혁명세력의 적개심이 커져 많은 한인들이 쿠바로 이주하였다.

이런 역경 속에서도 멕시코 교민들은 조국독립을 위한 성금을 모았으며, 1910년 무관양성을 위한 숭무학교를 설립하였으나, 멕시코 혁명으로 3년 만에 폐교되었다.

멕시코의 메리다 한인이민박물관은 현재 이민 당시 46세였던 김성원 씨의 손녀이자, 아홉 살 때 아버지와 함께 온 김수봉 씨의 딸 돌로레스 가르시아 씨가 관리한다. 기념사진 한 장으로 짧은 만남을 아쉬워하며 헤어졌다. 멕시코에는 2019년 기준으로 1만 2천 명 정도의 한인이 거주하고 있다.

한국의 재외동포는 750만 명 정도로 미국에 255만, 중국에 246만, 일본에 83만 명이 거주하고 있다. 캐나다에 24만 명, 우즈베키스탄에 18만 명 그리고 베트남, 러시아, 호주 등에 각각 17만 명이 살고 있다.

Zona Arqueológica Palenque

팔렝케의 비취 마스크

팔렝케 시내에서 10㎞ 떨어진 국립공원 티켓 판매소에 20여 분 만에 도착하여, 주차비 80페소를 지불하고 긴 줄 앞에 섰다. 입장료 80페소를 내고 오른쪽 건물 창구에서 외국인에게만 부과하는 환경보존기금 90페소를 더 냈다.

그동안 따라붙은 가이드가 통역을 해주어, 갑갑했던 마음에 영어 가이드 요금 2천 페소를 스페니시 요금 1,300페소로 깎아 차 뒷좌석에 태웠다. 그의 영어 실력은 우리가 알아듣기 좋게 느리고 또박또박하였다. 버스로 도착한 방문자는 이곳에서 20페소 하는 셔틀버스로 유적지에 들어간다.

유적지 바로 앞 주차장은, 하루 2천 명으로 입장이 제한된 이곳에 8시 반부터 입장한 사람들로 이미 가득 찼다. 갓길에 주차하려 하니 가이드가 나서서 주차 관리인에게 100페소를 주고 어렵게 한 자리를 만든다.

가이드를 따라 10시 반부터 두 시간 동안 밀림 속 비밀 장소를 돌며 환상적인 마야의 세계에 빠져들었다. 밀림 안에 있는 조그만 돌집 오두막으로 들어서자 박쥐들이 푸드득 귓가를 스치며 날아간다.

조그만 피라미드 위로 아름드리 나무들이 피라미드보다 몇 배 크기로 자라 울창한 숲을 이룬다. 구글이나 유튜브로 수없이 접했던 곳이지만 직접 와서 본 분위기는 말로 표현할 수 없는 감동으로 다가왔다.

상수도 시스템으로 밀림에서 궁전과 피라미드 사이를 흐르는 시냇물이 있는데도 모기들이 별로 보이지 않는다. 성심을 다하여 조상들의 역사와 문화를 설명해 준 마야족 가이드에게 1,500페소로 고마움을 전하였다.

치아파스 열대 정글에 있는 팔렝케는 500~700년에 전성기를 구가했던 마야인의 유적이다. 기원전 226년에 조성되어 799년에 마지막 건물이 지어졌던 이곳 중심부의 크기는 500×300m 정도이다. 발굴된 2.5㎢는 아직도 정글의 어둠 속에 묻혀있는 고대도시의 10%에도 못 미친다.

문화를 꽃피우고 영토를 확장하던 팔렝케는 10세기경 이민족에게 패망하고 정글이 삼켜버렸다. 이 도시의 평균 온도는 26℃이며, 연간 강우량은 2,160㎜로 상당히 습하지만, 매년 90만 명 정도가 방문한다.

가로세로 100×80m, 높이 10m의 기단 위에, 스팀 사우나 시설을 갖춘 궁전에는 파수대의 역할을 하였던 4층의 천체 관측용 탑도 있다. 옆에 있는 더 큰 비문의 신전 Temple of Inscriptions 과 조화를 이룬다.

파칼 Pakal, 603~683 은 615년 12세에 모친으로부터 왕권을 이어받은 팔랑케의 왕이다. 그의 양다리 길이가 다르게 부조되어, 권력독점을 위해 근친결

혼을 했던 왕가의 유전적 결과를 보여준다.

파칼 1세가 건축한 비문의 신전은 밑변 길이 65m×높이 21m의 피라미드 위에 있다. 25m의 중앙 계단 뒷벽에는 인구 10만 명의 도시국가 팔렝케의 역사와 마야 문명을 적어놓은 3개의 패널이 있다.

1952년 멕시코 고고학자 루이리엘 박사가 이 피라미드에서 묘실로 내려가는 27m의 가파른 비밀통로를 발견한다. 장애물들을 제거하고 가로세로 4×9m, 높이 7m인 파칼왕의 현실을 찾는 데 3년이 걸렸다.

아홉 신관의 부조로 장식된 현실의 석관에는 비취조각 가면을 쓴 파칼왕의 유해가 안치되어 있었다. 620자의 마야어로 왕가의 역사가 기록된 3.8×2.2m 크기의 묘비 발견으로 이 신전은 '비문의 신전'이라는 이름을 얻었다.

이집트 투탕카멘왕의 무덤 발굴과 비견되어 '투탕카멘의 황금마스크' 대신 '비취마스크'로 불린다. 파칼왕의 무덤은 팬데믹으로 들어갈 수 없어, 멕시코시티의 인류학박물관 마야관에 재현해 놓은 묘실 관람으로 대신하였다.

궁전 뒤쪽 밀림 속을 걸어 올라가면 태양의 신전 등이 있는 십자가 신전 복합단지가 나타난다. 십자가의 신전과 발굴 당시 고고학자의 숙소였던 백작의 신전은 팔렝케의 가장 높은 곳에 있다.

정글 속 안개에 휩싸여 울부짖는 고함원숭이와 앵무새의 합창으로 신비로운 모습을 자아내는 팔렝케는 마야 건축물 중에서도 가장 훌륭한 사원이다. 영화 〈아포칼립토〉는 팔렝케 등 마야 문명의 울창한 밀림 속 생활을 잘 보여준다.

Cenotes Ik Kil & Xkeken

유카탄의 보물 세노테

유목민들의 공격을 피해 중부 멕시코에서 유카탄반도로 이주한 마야족은 세노테로 물 문제를 해결했다. 이 지역 6,000여 개의 세노테는 석회암 지층이 빗물에 녹아 꺼져 생긴 싱크홀에 지하수가 고인 샘물이다.

화보에 자주 등장하는 치첸이트사의 세노테 익킬을 찾아 구명조끼와 락커를 포함한 입장료 150페소를 내고 들어갔다. 오전 9시부터 오후 5시까지 머무는 사람들을 위해 식사가 포함된 350페소짜리 입장권도 있다.

계단이 있는 지하 동굴로 18m를 내려가면, 지상에서 내려온 나무줄기와 뿌리가 수면에 닿을 듯 환상적인 장면이 나타난다. 다이빙대에서 외마디 소리

를 지르며 물속에 뛰어드는 사람들의 모습이 인신공양 제물로 던져졌던 희생자들을 연상시킨다.

세노테 스케켄 입장료 80페소를 지불하고, 무료주차장에서 길 건너 노점 상가를 지나 동굴 입구로 들어갔다. 구불구불 돌아 내려가자 커다란 연못이 나타나고 종유석 등 기암괴석이 펼쳐진다.

치첸이트사 유적지에는 두 개의 세노테가 있다. 세노테 스톨록 Cenote Xtoloc 은 식수 우물이고 다른 하나는 '황금의 샘'으로 알려진 비의 신 '차크몰'에게 제물을 바치는 신성한 샘 Cenote Sacred 이다. 보석으로 몸을 꾸미고 이곳에 도착한 처녀들은 부활하여 신으로 다시 태어난다는 것을 믿고 세노테에 몸을 던졌다.

인간이 세계를 계속 유지하기

위해서는 신들에게 산 제물을 바쳐야 한다고 생각한 마야인들은, 12세기경 포로로 잡혀 온 외국인을 성스러운 샘 속에 던졌다. 샘 속에서 살아남아 쿠쿨칸 초록 날개가 달린 뱀 으로 여겨진 그는 '살아있는 신'으로 치첸이트사의 지배자가 되었다.

'황금의 샘' 전설은 1549년 이사마르 수도원의 수도사 디에고 란다의 〈유카탄 사물기〉에서 유래했다. 그는 마야인들을 기독교도로 개종시키기 위해 마야의 문서를 모두 불태우고 많은 유적들을 파괴하였다.

란다는 "이 지방 사람들은 기근이 왔을 때 신에게 희생의 제물로 많은 보석과 함께 산 사람을 샘물에 던져 넣었다. 그들의 샘에 대한 신앙은 절대적이어서 만약 이 지방에 금이 있었다면 대부분 샘물 속에 있을 것이다."라고 기록하였다.

유카탄의 미국 총영사를 지냈던 톰슨은 1863년 마드리드 자료관에서 발견된 란다의 책을 사실로 믿었다. 슐리만이 호메로스의 〈일리아스〉를 믿고 트로이 발굴에 성공한 것처럼 〈유카탄 사물기〉는 마야의 〈일리아스〉가 될 것을 확신하였다.

1909년 '황금의 샘' 보물을 건지기 위해 심해잠수 훈련을 받은 톰슨은 주변의 땅을 구입하고 준설기를 들여왔다. 5m 두께의 파란색 안료층과 그 아래 진흙층 균열에서 금과 옥 장신구, 그리고 부싯돌과 흑요석 등 수천 개의 물품이 나왔으나 전설처럼 엄청난 금은 나오지 않았다. 하버드박물관의 분석 결과 유물은 마야인들의 것이 아니라 순례자들이 빠뜨린 것으로, 많은 금이 수장되었을 것이라는 전설은 와전된 낭설이었다.

건져낸 12구의 남자와 8구의 여자, 그리고 20구의 어린아이 유골을 통해 희생제물로 처녀를 선발했다는 이야기도 사실이 아님이 밝혀졌다. 희생자에는 6~12세의 어린아이가 많아 부모가 들판에서 일하는 동안 실종된 아이들이 아닐까 추측해 본다.

Uxmal Archaeological Site

욱스말, 마야 예술의 진수

메리다 남쪽 62㎞ 거리의 욱스말 유적지에서는 주차비 80페소와 입장료 456페소를 자국 화폐로만 받는다. 공항에서는 1:19이었지만, 이곳 ATM에서 3,000페소를 꺼내는데 163불과 수수료 6불이 들어 1:17.7로 환전한 결과가 되었다.

난쟁이 사원으로 알려진 거대한 마술사의 피라미드 Pyramid of the Magicia는 마녀로 알려진 양어머니의 도움으로 난쟁이가 하룻밤 사이에 지었다고 한다. 욱스말은 마야어로 '세 번'이라는 의미로 이곳이 세 번 중축되었음을 짐작할 수 있다.

높이 38m의 타원형의 피라미드가 60도의 기울기로 서 있는 이곳은 후기 고전시대의 양식과 톨텍 양식이 합쳐진 것으로, 뒤로 가면 여자 수도원, 마야 문자가 새겨진 비석 등이 보인다. 아름다운 문양의 조각들이 새겨져 있는 건물 가운데 넓게 펼쳐진 잔디밭은 이구아나들의 천국이다.

볼코트 양쪽에는 뱀의 머리와 몸체가 보인다. 인신공양에 바쳐진 우승자는 신으로 새롭게 태어난다는 신앙관으로, 이긴 편 주장의 심장을 꺼내 태양신께 바쳤고 희생자는 그것을 가장 큰 영광으로 여겼다.

시우Xiu에 의해 500년경에 설립된 욱스말은 치첸이트사와 동맹을 맺어 북부 마야 지역을 지배하기도 하였다. 850~950년에 총독의 궁전과 마술사의 피라미드 등이 건설되고 인구 15,000명의 도시로 발전하였으나, 1000년경 톨텍에 점령되었다.

1200년 이후 동맹국인 치첸이트사의 몰락과 유카탄의 권력이 마야판으로 이동하자 수도는 마니로 옮겨진다. 스페인과 동맹을 맺어 1550년대에도 사람이 거주하였으나, 스페인 사람들이 욱스말에 도시를 건설하지 않아 곧 버려졌다.

세노테와 채석장이 없는 욱스말이 무거운 돌을 수레 없이 운반하여 사원과 궁전을 건설하고 큰 도시로 성장한 것은 기적에 가까운 일이다. 전적으로 비에 의존하는 저수조 집수 시스템으로 살아왔기에, 비의 신에 대한 그들의 숭배의식은 뿍 마야Puuc Maya 문화의 깃털 달린 뱀과 거북이 조각 그리고 비의 신 가면에서 잘 나타난다.

저녁에는 욱스말의 역사를 소개하는 조명 쇼가 펼쳐진다. 피라미드와 수녀원 그리고 총독의 궁전 등 이곳의 멋진 장관을 돌아보며, 얼굴에 스치는 바람을 느끼고 정글의 향기를 맡을 수 있다.

욱스말을 나와 3시간 반 거리의 코바까지 유료도로를 이용하면 40분이 단축된다. 구글맵으로 목적지를 넣으면 도착지의 정보가 뜬다. 코바 입장 인원이 차서 3시에 폐장한다는 메시지를 보고, 5시에 문 닫는 툴룸유적지를 향하여 44㎞를 달렸다.

도착 시각이 가까워지자 그곳도 3시 반에 닫는다기에, 툴룸 시내의 에어컨이 있는 식당을 찾았다. '우노 재패니즈 레스토랑'에서 각각 110페소에 돼지고기 버섯 두부 등 고명이 올려있는 라면과, 찰진 밥으로 만든 우나기 스시를 주문하였다.

Tulum Archaeological Site

툴룸 국립공원 마야 유적지

아침 8시 툴룸 국립공원 마야유적지 입구에 도착하여 갓길에 차를 두고 10여 분 걸어 들어갔다. 가는 길 중간중간에 수영을 즐기려는 사람들이 오른쪽 샛길을 통하여 비치로 나간다.

9시 개장시간이 가까워지자 하루 4천 명 안에 들려는 관광객들이 매표소 앞으로 구름떼처럼 몰려든다. 거스름돈을 주지 않는 그곳에서 입장료 80페소를 내고 들어가 1시간가량 마야유적지를 돌아보았다.

마야족이 건설한 마지막 도시로 13~15세기에 절정을 이루었던 툴룸은, 스페인이 멕시코를 점령한 후에도 70년 동안 살아남았다. 스페인 정착민들이 가져온 질병으로 사람들이 많이 죽자 도시는 버려진다. 해안 마야유적지 중 하나인 툴룸은 멕시코의 10대 명소에 빠지지 않고 등장한다.

유카탄 마야어로 울타리를 뜻하는 툴룸은 카리브해를 향해 동쪽 절벽에 있어, 육지와 바다 무역로에 모두 접근할 수 있다. 그 지리적 조건으로 흑요석 등의 수출입으로 중요한 무역항이 되었다.

유적지 툴룸은 가파른 바다 절벽과 400m의 성벽으로 둘러싸여 있으며 5개의 입구와 2개의 망루가 있다. 마야인들은 북쪽의 카사 델 세노테에서 신선한 물을 구하였다.

이곳의 주요 구조물은 엘 카스티요, 프레스코화 신전, 내려오는 신의 신전 등이다. 태양 관측소로 사용되었던 프레스코화 신전은 마야 '잠수 신'의 조각상이 정면을 장식하고 있다. 중앙 구역에는 높이가 7.5m인 피라미드가 있다.

카리브 해변 절벽 위에 있는 파수대 건물은 화보에 자주 등장하는 툴룸의 대표 사진이다. 마야인들은 해일이 오면 사이렌 소리가 나도록 창문과 구조를 만들어 주민들이 미리 대비하게 하였다.

미대륙에서 가장 발달한 언어 체계와 건축, 수학, 천문학을 가지고 있었던 마야는 기원전 3세기부터 상형문자를 사용하였다. 기원전 2000년부터 기원후 250년까지의 선고전기 Preclassic Period 에는 도시가 형성되었고, 옥수수와 고추 등을 재배하였다.

기원후 250년부터의 고전기 Classic Period 에는 달력을 사용하였고 도시국가들이 복잡한 교역로로 서로 연결되었다. 이때 멕시코시티 지역의 테오티우아칸이 마야 도시국가들에게 정치적 영향을 미쳤다. 9세기경 마야의 소국들이 무너지고 곳곳에서 내전이 벌어져 사람들이 북쪽으로 이주하였다.

900년부터 시작된 후고전기 Postclassic Period 에는 치첸이트사가 마야의 새로운 중심으로 떠올랐다. 1697년 마지막 마야 도시인 과테말라의 노즈페텐이 스페인에 함락됨에 따라 마야의 전통적인 역사는 끝나게 된다.

Cobá Archaeological Zone

코바 유적지

하루 1천 명으로 입장이 제한된 코바에서 주차비 60페소와 입장료 80페소를 내고 유적지로 들어갔다. 140페소를 더 내고 두 사람이 타는 리어카 자전거에 올라 유카탄반도에서 가장 높은 42m의 대피라미드 Ixmoja 를 반환점으로 돌아 나왔다.

요금을 더 내면 마야유적지를 더 돌아볼 수 있다. 날씨가 무더워져 1시간 정도 투어를 마치고 입구로 나오자 관광버스 손님들이 수십 대의 자전거 택시에 나누어 타고 투어 준비를 한다.

기원전 50년경 코바에 야자수 잎으로 지은 주거지와 마을이 형성되었다. 100년 이후 북부 유카탄 지역에서 가장 강력한 도시국가가 된 코바는 200~600

년 사이에 킨타나로오주 북쪽과 유카탄주 동쪽 지역을 지배하였다.

코바는 500~900년에 주민 5만 명으로 절정기를 맞아 주요 건축물들이 계속 건설되었다. 캄페체 남쪽과의 군사 동맹과 엘리트들 사이의 결혼으로 영향력을 유지하였으나, 치첸이트사의 출현으로 유카탄반도의 정치적 변화가 일어난다.

900년경 치첸이트사와 권력 투쟁을 시작한 코바는, 1000년 이후 종교적 중요성은 유지했지만 도시국가들 사이에서 정치적 영향력을 잃는다. 정치의 중심지와 교역로가 해안으로 옮겨지면서 변방이 된 코바는, 1550년경 스페인이 반도를 정복할 때 버려진다.

1970년대 현대식 도로가 개통될 때까지 코바는 거의 방문객이 없는 외딴 곳이었다. 칸쿤에 휴양지가 들어서면서 관광명소가 될 수 있다고 판단한 멕시코 국립 인류학 역사 연구소는 1972년부터 고고학 발굴을 시작한다.

1975년 툴룸에서 코바까지 도로가 포장된 후 정기 버스 운행으로 칸쿤과 리비에라 마야에서 많은 방문객들이 몰려들자, 정글이 제거된 유적지가 계속 복원되었다.

Zona Arqueológica de Ek Balam

발람 유적지

700~1000년 사이에 번성했던 발람 유적지에 도착하니 오후 2시, 아직 제한 인원이 차지 않아 입장료 480페소를 내고 안으로 들어갔다. 발람은 팬데믹 기간 중에 유일하게 피라미드 정상까지 올라갈 수 있었던 곳이다.

습기 찬 밀림 속에 까마득하게 높은 피라미드의 돌계단이 보인다. 조심조심 가파른 계단을 올라 중간쯤 전시관에서 사진을 찍으며 숨을 고르고, 106계단의 30m 정상에 있는 나뭇가지 발판을 딛고 올라섰다.

샘 솟듯 흘러내리는 땀방울을 느끼며 결국 해냈다는 성취감이 환희로 바뀐다. 밀림으로 이어지는 지평선과 밀림 안에 섬처럼 보이는 왕궁을 내려다

보는 동안, 겉옷에 얼룩진 하얀 소금 자국은 하나의 훈장이 되었다.

마야의 도시 중심부에는 궁전과 신에게 바치는 사원, 볼코트, 천문대 등이 있고 그 주변에는 거주 지역이 흩어져 있다. 마야 고전기 통치는 '신정일치'로 매우 폐쇄적이었으나, 후기로 갈수록 귀족들의 세력이 커져 왕권이 약화되었다.

마야는 복잡한 상형문자 체계를 완성하여 콜럼버스가 도착하기 전 아메리카에서 가장 발달된 언어 체계를 만들었다. 역사와 신화들을 접는 책 속에 많이 기록하였으나, 스페인 식민시대에 대부분 파괴되어 현재 3권밖에 남아 있지 않다.

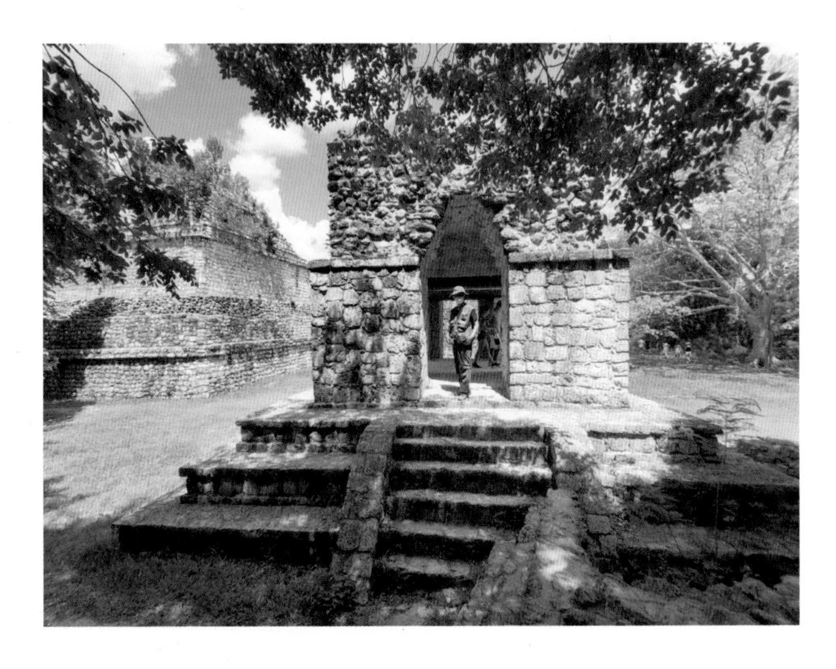

바야돌리드에 왕궁처럼 지어놓은 리조트 테크노호텔에 호텔스닷컴 리딤나이트로 15불만 내고 하룻밤 묵었다. 팬데믹으로 우리 이외에는 투숙객이 거의 안 보이는 이곳이 어떻게 유지될지 심히 걱정이 되었다.

멕시코시티 공항에서 500불, 욱스말에서 150불, 바야돌리드 군부대 옆 ATM에서 100불을 환전하였다. 발걸음을 옮길 때마다 팁을 주어야 하는 상황이 발생하기에 공항에서 페소를 구하는 것이 빠르고 안전하며 환율도 좋다.

Cancun

칸쿤, 카리브해의 진주

칸쿤은 에메랄드빛 카리브 해안의 화려한 리조트로 세계 최고의 휴양지이다. 산호섬으로 연결된 32㎞의 쿠쿨칸 대로에는 야자수와 망고나무가 시원스레 뻗어있다. 열대기후에 속하는 이곳의 해변에서는 연중 수영이 가능하다.

해변의 북쪽에는 가늘고 길게 생긴 '여성의 섬'이라는 뜻의 무헤레스 섬Isla Mujeres이 있다. 멕시코에서 가장 먼저 해를 볼 수 있는 곳으로, 도심 가까이에서 출발하는 쾌속선과 북쪽에서 출발하는 카페리가 있다.

백사장에서 10m를 나가도 물이 깊지 않아 붉고 푸른 열대어들을 많이 볼 수 있다. 아름다운 일몰 중에 펠리컨이 날아들고 군함새와 앨버트로스도 무리 지어 해안을 배회한다.

바다 건너 쿠바와 자메이카가 가까운 유카탄반도 동쪽 끝 칸쿤은 1970년까지도 주민이 몇 안 되는 어촌마을이었다. 지금은 인구 90만의 관광도시로 관광특별지구가 되어 멕시코 경제의 한 축을 떠받들고 있다.

마야 문명은 큰 문화권을 형성하지 못하고 도시국가의 형태로 번성하였다. 석회암 성분의 척박한 땅에서 한정된 세노테 물로는 풍족한 수확을 거둘 수 없어 막대한 재정이 필요한 제국을 이룰 수 없었다.

그들은 부족한 식량을 조달하기 위해 다른 부족의 것을 빼앗는 비생산적인 전쟁을 계속했다. 권위와 신비감으로 정권을 유지하기 위해 사원과 궁전을 끊임없이 건축했던 마야의 도시국가들은, 1521년 스페인에 정복당해 그 문명만이 유물로 남았다.

Costa Rica

코스타리카, 겨울철 최고의 휴양지

국토의 절반이 원시림인 코스타리카는 영토 중 23%가 국립공원으로, 북미 전체에 있는 종보다 훨씬 많은 조류의 종을 갖고 있다. 면적은 전 세계의 0.1%에 불과하지만 종의 다양성은 5%로 세계 최고의 생태 관광지이다.

아레날 화산으로 가는 길에 가파른 계단식 목초지에서 풀을 뜯는 소들 뒤로 작은 목장과 커피농장이 보인다. 사치 마을에는 황소 두 마리가 끄는 알록달록하게 채색된 전통 커피 마차가 전시되어 있다. 고지에서 생산된 커피와 농작물 등을 옮기는 데 사용되었던 이 마차는 바퀴가 유난히 크다.

라파엘 성당 앞 프란시스코 알바라도 파크에는 상록수 녹색 터널과 동물 형상으로 트림된 나무들이 포토존을 이룬다. 라포르투나 마을은 아레날 화산으로 가는 관문으로 음식점과 투어 회사들이 즐비하다.

1502년 콜럼버스가 금 장신구를 많이 착용한 원주민들을 보고 부자 Rica 해변 Costa 으로 부른 것이 기원이 되어, 나라 이름이 Costa Rica가 되었다. 니카라과에 복속되었던 코스타리카는 1821년 멕시코가 스페인으로부터 독립할 때, 중미의 다른 나라들과 함께 단명한 멕시코 제국에 합병되었다.

1823년 멕시코 제국이 무너지자 다른 중앙아메리카 4개국과 연방 공화국을 결성한다. 1838년에 탈퇴하여 1848년 완전한 독립을 이룬 인구 4.8백만의 코스타리카는 후안 모라를 대통령으로 추대하였다.

Cano Negro Tour & Hot Springs

겨울 온천여행

대서양에서 흘러온 구름이 산맥을 지나면서 매년 300㎝의 비를 내려준다. 그로 인해 연중 섭씨 25~30도 날씨와 함께 생명력 가득한 상록수 원시림 생태계가 형성되어, '자연'의 또 다른 이름 '자원'을 만들었다. 원시림 속에 작은 생태 체험관처럼 들어선 아레날 볼케이노인 식당 유리문 밖에는 과일 조각을 먹으려 몰려든 아름다운 새들이 보인다.

북쪽으로 2시간을 달려 카노네그로 국립야생보호구역에서 크루즈로 코스타리카 악어를 만났다. 카이만Cayman은 스파이크가 있는 앨리게이터Alligator나 크로커다일Crocodile과는 달리 등에 스파이크가 없이 매끈하다. 야행성인 박쥐 여러 마리가 크게 보여 적의 위협을 막아보려고, 천적들이 볼 수 없는 위치에 일렬로 붙어 잠을 잔다.

스스로 체온을 올리지 못하는 이구아나가 나무 높이 올라가 햇볕을 쬐고 있다. 예수의 갈릴리 바다 기적이 연상되는 예수 그리스도 도마뱀이 1초에 22번 이상 발을 움직여 물 위를 재빠르게 걷는다. 니카라과 국경에서 기념사진을 찍고 돌아나왔다.

상위 포식자가 적은 이곳에는 먹이사슬의 하위 종이 전 세계에서 가장 많다. 트레일에서 만난 개미떼가 나뭇잎을 잘라 굴속으로 운반한다. 그들은 나뭇잎을 씹어 숙성시켜 애벌레들을 위한 음식으로 저장한다.

에코테르말레스 EcoTermales 온천에서 폭포 아래로 내려오면서 점점 식어가는 온천탕을 즐겼다. 돌침대 위에 누워 숲 사이로 달을 바라보며, 매년 200만 명 이상이 이곳 온천을 찾는 이유를 알 수 있었다.

Arenal National Park

아레날 화산 국립공원, 화산 폭발의 축복

1968년 마지막 폭발이 있었던 아레날Arenal 화산 국립공원을 찾아 사람 키보다 훨씬 큰 사탕수수 오솔길로 3㎞의 트레킹을 하였다. 지름 140m의 가파른 분화구는 미끄러운 모래로 인해 접근이 불가능하다. 'Arena'는 '모래', 'Arenal'은 '많은 모래'라는 뜻이다.

해발 1,633m의 아레날 화산 아래 트레일에서 23년 경험의 가이드는 우리 눈에 보이지 않는 작은 동식물들까지도 잘 찾아낸다. 건드리면 움츠러드는 미모사 등 희귀식물과 불개미 등에 대하여 알아듣기 쉽게 설명한다.

3백만 년 전 코스타리카 지역의 바다에서 활발한 화산활동이 일어나 큰 섬이었던 남아메리카 대륙이 북아메리카 대륙과 연결되었다. 이라수, 포아스 등 11개의 활화산에서 분출한 화산재로 코스타리카는 배수가 잘되고 미네랄 성분이 풍부한 토양을 갖게 되었다.

이런 토양에 매일 아열대성 소나기가 내려, 가족 중심의 소규모 농장에서 수작업으로 고품격의 커피가 생산되었다. 커피는 해발 1,200~1,800m에서 가장 잘 자라며, 산호나무들이 그늘을 만들어주어 질 좋은 열매를 풍성하게 익게 한다.

에티오피아고원에서 한 목동이 이상한 열매를 먹은 양들이 밤새 뛰어노는 것을 보고 그 열매를 먹어보니 피곤이 풀리고 정신이 맑아졌다. 이 빨간 열매가 이슬람 수도승에게 전해진 후, 기도 시간에 조는 수도승이 사라지자 커피는 '신의 선물'이라 불렸다.

커피는 예멘에서 이집트, 인도, 메카로 전파되었다. 이슬람 순례자들이 가져온 커피는 술이 금지된 이슬람 세계에서 각성 작용으로 경건함을 일깨우는 유용한 대체 음료가 되었다.

이슬람이 서유럽을 지배하면서 유럽에서는 이교도들이 마시는 커피에 대한 인식이 좋지 않았다. 1600년 커피를 금지해달라는 압력을 받은 교황 클레멘스 8세가 커피를 맛본 뒤 "이 사탄의 음료는 이교도들만 마시도록 놔두기에는 너무 맛있다."라고 하면서 커피를 축복하여 유럽으로 퍼져나갔다.

1896년 고종 황제가 아관파천을 했을 때, 러시아 공사 웨버가 건네준 커피가 최초로 마신 커피라고 전해진다. 당시에는 서양에서 들어온 국물이라 해서 '양탕국'이라고도 불렀다.

Quetzal, Monteverde

케찰, 세상에서 가장 신성한 새

몬테베르데로 가는 길은 얼마 전까지만 해도 말을 타고 넘었던 비포장도로로, 개발업자와 환경론자 간의 대립이 아직도 팽팽하다. 2시간가량 달려 엘에스타블로산El Establo Mountain 호텔 입구에서 체크인하고, 승합차로 한참을 올라 산 중턱에 있는 2층 객실에 짐을 풀었다.

가파른 산기슭에 계단식으로 자리 잡은 호텔은 전화하면 승합차를 보내 원하는 장소에 데려다준다. 산책 삼아 객실에서 식당으로 걸어 내려가는 중에 호수 주위를 돌며 공작새도 만나고, 저녁에는 아름다운 석양을 즐겼다.

셀바투라 어드벤처 파크에는 빠른 날갯짓으로 벌 소리를 내는 길이 5㎝, 무게 2g의 가장 작은 새, 벌새들의 서식처가 있다. 벌새는 1초에 수십 번의

날갯짓으로 공중에 떠서 꽃술에 긴 부리를 꽂고 부리보다 더 긴 혀를 내밀어 꿀을 빤다.

3,000종의 식물, 250종의 파충류, 500종의 새가 살고 있는 공원에 고함원숭이의 울음소리가 우렁차게 퍼진다. 8개의 흔들 다리로 이어지는 밀림 속을 걸으며, 샛노란 부리에 머리에서 꼬리까지 진초록의 화려한 깃털에 배 부분이 빨간 케찰새를 찾아보았다. 꼬리 쪽 긴 깃털은 등 끝부분의 깃털이 돌연변이로 1m 정도 길게 자라 꼬리를 덮은 것이다.

과테말라 키체족의 마지막 왕 떼군은 항상 그의 영적 안내자 케찰새를 데리고 전쟁에 나섰다. 1524년 스페인군과의 전투에서 떼군이 총에 맞아 쓰러지자 케찰새도 함께 죽으면서 그의 피를 가슴으로 받아낸다. 그

후로 수컷의 가슴은 붉게 물들었고 울음소리도 들을 수 없게 되었다. 가두어 키우면 죽기에 야생 상태로 살고 있는 케찰새는 과테말라의 국조이다.

Don Juan Coffee Farm

코스타리카 커피 농장

세계 커피 생산량은 브라질, 베트남, 콜롬비아가 1, 2, 3위를 차지하고 코스타리카는 13위이다. 중미의 작은 나라들은 화산지대의 비옥한 토양과 적당한 고도의 자연환경으로 커피의 주생산지가 되었다.

커피농장 가이드가 낫으로 사탕수수대를 잘라 압축기에서 진액을 짜내어 한 잔씩 마시게 한다. 대나무처럼 단단한 사탕수수대는 과당과 비타민이 풍부하여 노화 방지와 피로 회복에 좋고 혈액 순환에도 효과가 있다.

기원전 8천 년경 뉴기니에서 재배된 볏과의 사탕수수가 인도로 전파되어, 기원전 4세기경 설탕이 만들어졌다. 14세기 유럽에서 고급 식품이자 비싼

약품이었던 설탕의 값은 같은 무게의 은값과 같았다.

1808년 커피가 들어오기 전까지 코스타리카의 주요 작물은 카카오였다. 커피에 밀려 농장 한쪽에 자리 잡고 있는 카카오 열매 속의 단단한 씨앗은 초콜릿의 재료인 코코아로 변한다.

14kg의 바구니를 가득 채운 커피 열매는 가공하면 3kg에 불과하여, 농장주들은 산간 지역의 원주민들을 고용하여 잘 익은 열매만을 골라 수확한다. 니카라과 노동자들은 한 바구니에 2달러인 저렴한 급료를 채우기 위해 커피나무를 손상하며 급하게 열매를 딴다고 한다.

아라비카 커피 생두를 발아시켜 얻은 새싹은 1년 동안 화분에서 키워 땅에 옮겨심은 뒤, 3년이 지나면 열매가 열리기 시작한다. 그러나 커피의 질이 점점 떨어져 25년 이상 된 나무에서는 수확하지 않는다. 두 마리의 소가 끄는 전통 커피 우마차에 의해 공장으로 옮겨진 체리는 세척과 선별을 거쳐 겉껍질과 과육이 벗겨진 후 따스한 햇볕 아래 5일에 걸쳐 건조된다.

원두는 두 쪽이 정상인데, 통으로 태어난 5% 정도의 'Peaberry'는 높은 당도와 깊은 맛으로 고가에 팔린다. 무상으로 카페인을 추출해 준 독일회사는 대신 카페인을 코카콜라, 레드불 등의 카페인 함유 음료 회사에 팔아 수익을 얻는다. 인스턴트 커피에는 82, 콜라에는 40, 그린 티 한 잔에는 20mg의 카페인이 들어있다.

코스타리카 원두는 세계 최고 중 하나로, 따라주 게이샤 Tarrazú Geisha 커피는 2012년 미국 Starbucks 매장에서 한 잔에 7불로 판매된 가장 비싼 커피였다.

커피의 항산화 물질 폴리페놀은 간 기능을 향상시키고 당뇨와 암 발생을 억제한다. 아울러 치매 예방에도 좋으나 너무 많이 마시면 골다공증 위험도 있으니 적당히 즐겨야 한다.

Manuel Antonio National Park

마누엘 안토니오 국립공원

몬테베르데에서 팬아메리칸 하이웨이를 만날 때까지 26㎞의 비포장도로를 내려오는 동안 몸을 가누기 힘들 정도로 차가 몹시 흔들렸다. 이런 불편함에도 자연을 사랑하는 여행 마니아들의 발길은 늘어나고 있다.

중앙 화산고원에서 흘러내린 타르코레스강에는 풍부한 자양분으로 물고기가 많고, 탁한 물에 몸을 숨길 수 있어 3천여 마리의 악어가 살고 있다. 다람쥐원숭이의 세상이 되어버린 마누엘 안토니오에서 원숭이가 자동차에 자주 희생되자, 한 초등학생의 아이디어로 전신주 위에 전용 도로가 만들어졌다. 사람들은 망창으로 원숭이의 출입을 막고 음식물 등을 특별히 관리한다.

샤나 호텔에 짐을 풀고 마누엘 안토니오 국립공원에서 나무늘보와 벌새 둥지 등을 찾아 나섰다. 아프리카 사파리가 Big Five 코끼리, 사자, 코뿔소, 표범, 버펄로 등 큰 동물들을 보는 매크로 Macro 투어라면, 코스타리카는 작은 동식물들을 보는 마이크로 Micro 투어이다. 가이드가 풀잎 뒤에 숨어있는 곤충을 찾아내어 망원경으로 들여다보고 카메라에 남아준다.

공원 끝 밀림 속에서 트레일을 돌다가 전망대에 이르자, 아기 원숭이들이 나타나 레슬링을 하는 진풍경을 보여준다. 섭씨 30도의 비치에서 수영과 선탠을 즐기는 사람들 사이로 이구아나들이 뜨거운 모래 위에서 체온을 높이고 있다. 바다 위를 선회하던 펠리칸들이 물속으로 폭격기처럼 돌진하여 먹잇감을 사냥한다.

아침식사 시간에 꽃나무에서 꿀을 빨아먹던 원숭이들이 식탁으로 뛰어내려 먹을 것을 찾는다. 소시지나 달걀요리에는 손대지 않지만, 봉지 설탕이나 바나나가 보이면 순식간에 낚아채 달아난다. 모두들 평소에 보기 힘든 그 상황을 즐긴다.

마누엘 안토니오 카타마란 크루즈는 워터 슬라이드가 있는 유람선으로 맨발로 다녀야 한다. 스노클링으로 바닷속 비경을 감상한 후, 칵테일과 와인 등을 마시며 멋진 풍광을 즐길 수 있다.

로니 플레이스Ronny's Place에서 라이브 뮤직을 들으며 식사를 하던 중에 맞이한 일몰은 이곳을 다시 찾게 만드는 환상적인 풍경이었다.

San Jose

군대를 해체한 나라, 코스타리카

산호세 중앙로 지하에 있는 프리 콜롬비안 골드 Pre Columbian Gold 박물관에서는 황금으로 자연의 이미지 장신구 만드는 과정 등을 보여준다.

회사와 관공서는 12월에 월급과 보너스를 함께 지급하여 크리스마스 쇼핑을 할 수 있는 분위기를 만든다. 코스타리카의 일인당 국민소득은 12,000불로 중남미에서 상위권에 속한다.

국립박물관 앞에는 1948년 페레르Figueres Ferrer가 내전을 승리로 이끈 후, 1949년 군대 폐지를 기념하여 세운 '민주주의와 군대 폐지 광장'이 있다. 부정선거로 집권한 세력을 물리친 그는 민주주의를 확립하여 코스타리카의 링컨이라 불린다.

중남미 국가들이 1970~1980년대에 군사 독재정치를 겪었으나, 코스타리카는 군대가 폐지된 바람에 이런 정치적 암흑기를 거치지 않았다. 병영에서 국립박물관으로 변한 이곳에는 콜롬비아 이전부터 식민지 시대를 거쳐 현대에 이르는 유물들이 전시되어 있다.

나비정원의 희귀한 열매들은 식물의 다양성을 보여준다. 공 모양의 스톤 스피어Stone Sphere는 코스타리카 고대역사에 신비감을 더해준다. 스피어 돌의 크기로 재력을 과시했던 고대인들의 영토 경계석은 그 완벽한 석재 기술로 사라진 아틀란티스 대륙의 유물이라 말하기도 한다.

Bahamas Cruise

바하마 크루즈 24시

4박 5일의 바하마 크루즈는 마이애미 노르웨이전 크루즈Norweigan Cruise 선착장에서 12시부터 3시까지 승선한 후, 비상 훈련을 마치고 풀장에서 환영 파티를 갖는다. 싸이의 '강남 스타일' 노래가 나오자 승객들은 젊은 GO들과 함께 열광한다.

오후 5시 마이애미 쪽으로 깊숙이 들어가 돌려나온 배는 대서양으로 나간다. 시시각각으로 빌딩들의 조명이 바뀌며, 환상적인 그림을 그려내고 있는 모습이 마치 영국의 스톤헨지처럼 보인다.

뷔페식이나 파인 레스토랑Fine Restaurant을 선택할 수 있고 룸서비스도 무료로 받을 수 있으며, 물이나 과일 주스는 무제한으로 마실 수 있다. 특별한 날에는 추가 비용이 드는 고급 식당을 이용하기도 한다. 팁은 일괄적으로 하루 12불, 하선할 때 룸키로 지불했던 비용들과 함께 정산한다.

낮에는 배에서 내려 관광을 하고 밤에는 늦게까지 다양한 쇼를 보느라 잠자기 직전에 방으로 들어가기에 발코니가 없는 저렴한 방을 선택하였다. 노르웨이전 스카이 크루즈는 프리스타일 드레스 코드로 여행을 즐길 수 있다.

영국 연방 바하마의 국가원수는 엘리자베스 2세이다. 29개의 큰 섬과 661개의 작은 섬으로 이루어진 바하마의 인구는 39만 명이며, 수도가 있는 나소 Nassau 섬에 20만 명이 살고 있다. 세금이 없는 나라로 수입의 80%는 관광에 의지한다.

1492년 콜럼버스가 신대륙 발견 때 산살바도르섬에 상륙하였으나, 스페인은 정착하는 대신 루카요 인디언들에게 강제노동을 시켰다. 1600년대 영국인들이 정착하여 1717년 영국의 식민지가 되었다가 1973년 독립하였다.

미국과 쿠바에 가까운 카리브해의 버뮤다 삼각지대 안에 있는 바하마는 아열대와 열대기후로 겨울에도 따뜻하다. 10m의 낮은 해발고도로 2004년 허리케인에 1,000명이 집을 잃기도 했다.

Bahamas

사라진 대륙 아틀란티스

바하마 아틀란티스 호텔은 벽이 갈라지면서 무너져 바닷속으로 사라지는 아틀란티스 최후의 순간을 재현해 놓았다. 그리스 신화로 장식된 6개의 타워와 객실 2천여 개의 호화 리조트에는 명품 쇼핑 코너들이 즐비하다. 카페 옥외 테이블에는 갈매기가 위협적으로 덤벼들어, 순식간에 음식을 낚아채어 날아간다.

상어의 추격으로 재빠르게 도망치는 가오리 연못 아래 수족관 해저 통로가 보인다. 수많은 바다 생물들이 유영하는 거대 수족관에서 사람들이 스노클링을 하고 있다. 70도 경사의 마야 신전처럼 꾸며진 워터 슬라이드에서 상어떼가 우글거리는 투명 튜브를 지나며 공포감을 체험한다.

대서양 연안의 도시들은 그리스 역사가 호메로스Homeros: 기원전 800~750년의 아틀란티스 전설을 관광 자원화하고 있다. '헤라클레스의 기둥'이라 불렸던 지금의 지브롤터 해협 밖에 있던 큰 섬은 바다의 신 포세이돈의 장자 아틀라스Atlas가 초대 왕이 되면서 '아틀란티스'란 이름이 붙여졌다. 그들의 세력은 유럽과 멀리 아프리카까지 미쳤으나, 기원전 9600년의 대지진과 홍수로 순식간에 바닷속에 잠겼다.

그리스 철학자 플라톤기원전 427~347년은 《크리티아스》에 "아시아보다 더 큰 아틀란티스에는 온갖 동물들이 번성하고, 신기한 과일과 보석들이 많았다. 채석으로 지은 건물들이 즐비한 도시는 항만과 운하로 연결되었다."라고 묘사하였다.

초기 아틀란티스인은 포세이돈의 율법을 따라 안락하고 풍요롭게 지냈다. 그러나 계속된 안일한 생활로 신에 대한 은혜를 잊어버리고 오히려 더 큰 만족을 위해 가짜 신을 숭배하였다.

사치가 극에 달한 그들은 성결함을 잃고 속물이 되어 하늘의 복을 감당할 수 없는 지경에 이르렀다. 분노한 신은 지진으로 아틀란티스를 바다 밑으로 가라앉게 하고, 그 문명 또한 사람들의 기억에서 지워버렸다고 기술하였다.

박장대소하며 끝난 바하마 크루즈

그랜드 바하마섬의 프리 포트 Free port 에 하선하여 루카얀 국립공원에서 카약 타기에 도전하였다. 앞사람은 방향을 잡고 뒷사람은 속도 조절을 하다가 커브에서 맹그로브에 걸리기도 한다.

뗏목으로 골드 록 Gold Rock 비치로 이동하여 고운 모래와 잔잔한 파도로 힐링을 받았다. 점심 식사 중에 테이블 주위에서 기다리던 라쿤들이 애원하듯 앞발을 들고 서서 먹을 것을 달라고 한다.

거룻배 Tender 로 그레이트 스터럽 케이 Great Stirrup Cay 섬에 내려 아쿠아 슈즈를 신고 바다 생물과 화석들을 찾아 나섰다. 바닷물이 맑아 스노클링을 하지 않고도 해초 사이의 물고기들을 감상할 수 있다.

1천여 명이 그릴 햄버거와 싱싱한 샐러드로 점심을 즐기며, 바하마 크루즈의 마지막 날을 보냈다. 사유지로 엄격하게 관리되고 있는 청정의 작은 섬에서 카리브해의 진수를 맛보았다.

박장대소를 터뜨렸던 승무원들의 탤런트 쇼는 두고두고 기억에 남았다. 크루즈에서 가장 우둔한 질문은 "Deck 5는 몇 층인가? 이 배의 전기는 어디에서 가져오나? 승무원들도 배에서 자는가?" 등이다.

호주와 뉴질랜드 ④

Australia & New Zealand

결혼 40주년 기념,
77일간의 7개국 자유여행

2016년 2월 말 뉴욕에서 엘에이를 거쳐 시드니에 도착하여, 3시간을 더 날아 케언즈 민박집에 짐을 풀었다. 사흘을 머물며 세계 최대의 산호초 군락인 그레이트배리어리프와 쿠란다 국립공원 등을 돌아보았다.

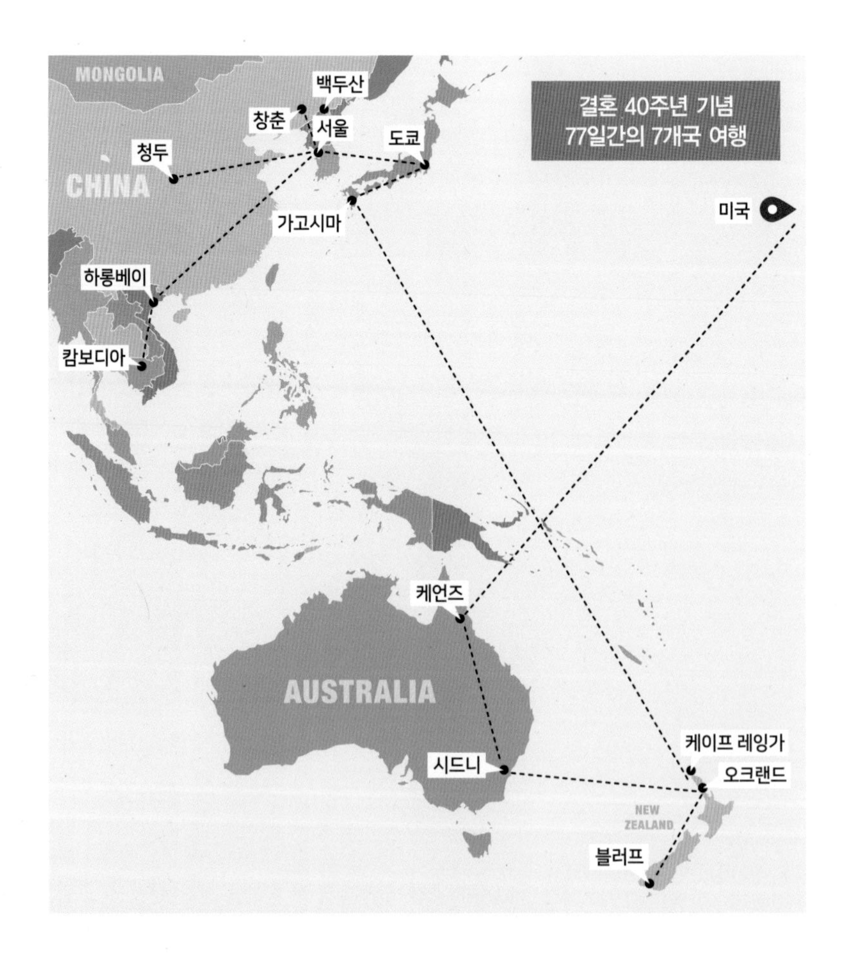

시드니로 돌아와 렌터카로 블루 마운틴 국립공원을 찾아 '세자매봉' 트래킹을 하고, 시드니 하버 국립공원을 찾아 1일 투어로 타롱가 동물원과 시드니 오페라 하우스의 멋진 자태를 감상하였다.

뉴질랜드 북섬의 오클랜드로 건너가, 렌터카로 23일 동안 7,500㎞를 달리며 북섬 끝 케이프 레잉가로부터 남섬 끝 블러프까지 종단하였다. 북섬에서 로토루아, 화이트 화산섬, 와이토모 동굴, 영화 〈반지의 제왕〉 촬영지 호비튼 등을 방문하였다.

페리로 남섬으로 건너가 프란츠 조셉 빙하와 밀포드 사운드를 거쳐 남쪽 끝 블러프를 방문하고, 북상하면서 퀸스타운과 뉴질랜드 최고봉 마운틴쿡 국립공원, 크라이스트처치 등을 돌아보았다.

다시 북섬으로 건너와 수도 웰링턴에서 로토루아를 거쳐 왕가레이 폭포를 감상하고, 최북단 케이프 레잉가를 찾았다. 오클랜드에서 고래찾기 사파리 크루즈로 뉴질랜드 종단여행을 마쳤다.

3월 30일 남쪽 끝 규슈의 가고시마에서 꽃망울을 터뜨리는 벚꽃길을 따라 18일 동안 구마모토, 나가사키, 후쿠오카, 히로시마, 나고야, 오사카, 교토, 도쿄까지 북상하였다. 그 길에서 3대 고성과 3대 비경 그리고 후지산, 하코네, 닛코 국립공원 등을 방문하였다.

중국 창춘长春으로 날아가 발해의 첫 도읍지 지린성吉林省 둔화敦化를 방문하고 백두산을 찾았다. 후촉後蜀의 수도로 유비와 제갈량의 사당이 있는 청두成都에서는 세계에서 가장 큰 와불을 감상하고, 해발 3,800m의 주자이거우구채구: 九寨溝를 돌아보았다.

베트남에서는 호치민시티와 하롱베이를 찾아 바다에 기암괴석의 모습으로 떠있는 비경을 감상하였다. 그리고 캄보디아의 씨엠립으로 날아가 앙코르와트 등 명소들을 방문하고 한국으로 돌아왔다.

한국에서는 울릉도에서 3대가 덕을 쌓아야 갈 수 있다는 독도를 방문하는 행운을 얻었다. 학창시절의 추억을 찾아 남이섬을 방문한 후, 통영에서 미륵산에 올라 한려수도의 멋진 풍광을 감상하고, 장사도 해상공원 카멜리아를 돌아보았다.

마지막 날 서울에서 모인 전 가족이 결혼 40주년 기념 77일간의 7개국 여행을 축하해 주었다. 6천여 불의 항공료는 마일리지로 공항세 600불로 해결하였고, 에어비앤비를 이용하여 현지인들의 정서도 느끼며 숙박비도 절약하였다.

Great Barrier Reef Cairns, Australia

케언즈 산호왕국

호주의 케언즈는 BBC에서 죽기 전에 꼭 가봐야 할 곳 2위로 선정된 그레이트배리어리프가 있는 곳이다. 마일리지 7.5만 점과 공항세 54불로 뉴욕-시드니 항공권을 얻고, 비자는 British Airway 창구에서 50불에 받았다.

바닷물을 끌어들여 만든 라군Lagoon 수영장과 바비큐 시설 등이 있는 케언즈 시민공원을 찾았다. 저녁노을과 함께 하늘에서 군무를 시작하는 박쥐들이 케언즈를 박쥐의 도시로 만든다. 생긴 모습이 여우를 닮아 날여우박쥐Flying Fox로 불리는 녀석들이 나무 위에서 잠을 자다가 밤이 되면 활동한다.

앞다리가 날개로 진화한 박쥐는 해충들을 먹어 생태계의 균형을 유지한다. 전 세계 1,300종 박쥐 중 85종이 서식하는 호주에는 나무에서 떨어져

부상당한 박쥐들을 치료하는 박쥐병원도 있다.

위협적인 박쥐 군무를 바라보다 숙소의 위치를 잊어버렸다. 설상가상으로 주소를 적은 쪽지마저 옷을 갈아입으며 두고 나왔다. 버스를 타고 민박 주인이 말했던 정거장에서 내렸으나 캄캄한 대로에서 다시 길을 잃었다.

그런데 문득 "아빠" 소리가 들려 한국인인가 싶어 문을 두드리자 인도 젊은이가 문을 열어주었다. 그는 인도에서도 아빠를 아빠라고 부른다며, 동네 골목을 돌아 민박집을 찾아주었다. 사례를 하려 하니 "이 일은 이 순간 내가 해야만 하는 일입니다." 하면서 사양한다. 그 순간 그 집 거실에서 보았던 예수님의 성화가 떠 올랐다.

199불의 리프매직크루즈 투어로 리프 플리트Reef Fleet 터미널을 출발, 10시 반에 망망대해 플랫홈에 도착하여 5시간 정도 머물렀다. 2천㎞의 세계 최대 산호초군으로 골드 코스트Gold Coast라 불리는 이곳은, 300종의 산호와 4,000종의 연체동물 등이 서식한다. 독해파리에 대비하여 래시가드 점프 슈트를 입고 섭씨 29도의 쾌적한 물속에서 스노클링을 하였다.

새우칵테일과 김밥 등 푸짐한 런치 뷔페를 즐기며, 추가 비용으로 스쿠버 다이빙과 헬기 투어를 할 수 있다. 300여 명 중 10% 정도 되는 한인 승객들은 한인 직원의 안내를 받을 수도 있다.

Kuranda National Park

쿠란다 국립공원

쿠란다 시닉레일웨이/스카이레일 투어로 케언즈역에서 15개 터널과 37개 다리를 이어 만든 시닉레일웨이를 천천히 달렸다. 밀림 속의 협곡과 배런 폭포를 감상하며 2시간 만에 도착한 고온 다습한 쿠란다에서는, 전통악기 디저리두 War Trumpet 연주로 방문객들을 맞이한다.

전통문화 체험장을 돌아본 후, 코알라 가든에 들러 유칼립투스잎의 알코올 성분에 취하여 하루에 20시간 잠을 자는 코알라를 만났다. 모피상들의 남획으로 멸종 위기에 처해있는 코알라는 억센 잎을 반쯤 소화시켜 직장에 저장해 놓고 새끼가 항문을 통해서 빨아먹게 한다.

캥거루는 암컷의 배에 새끼주머니가 있는 유대동물 有袋動物 로 호주에만 서식한다. 2천5백만 호주 국민보다 1.5배 더 많은 4천5백만 마리의 캥거루는 호주의 아이콘으로 국장에도 들어가 있다.

그물망을 쳐 놓은 새공원에는 마치 원색의 물감을 칠해 놓은 듯한 새들이 관광객들을 맞이한다. 앵무새가 머리 위에 앉아 모자 꼭지를 쪼다가 안 떨어지자, 먹이 없이 내민 손바닥에 상처를 내는 것으로 갇혀있는 스트레스를 푼다.

내려올 때는 시닉레일웨이 대신 길이 7.5㎞의 스카이웨이를 이용하였다. 하우징 없는 의자에 앉아 시원한 바람을 맞으며 발아래로 펼쳐지는 열대우림을 감상하면서 산 아래 종점으로 내려와 버스로 숙소에 도착하였다.

조용한 동네에 자리한 숙소는 독립된 출입구와 샤워룸, 냉장고, 전자오븐, 대형 TV와 수영장을 갖췄고 야자수 그늘 밑에는 해먹도 있다. 마지막 날, 집주인이 호주 달러 10불로 공항에 데려다주어 미화 10불(호주 달러 15불)로 고마움을 전했다.

Blue Mountains National Park

블루마운틴스 국립공원

시드니 공항에서 렌터카 회사에 전화하고 픽업 장소에서 기다리니 승합차가 사무실까지 데려다준다. 저렴한 비용에 대한 대가로 공항 밖에서 차를 픽업하고, 영업 외 시간 반납으로 50불을 추가 지불하였다.

민박집은 운신하기가 어려울 정도로 골동품들이 많았다. 뭐든지 스토리를 알면 관심을, 관심은 흥미를 불러일으키는 법이다. 그리스계 여주인 지나에게 수집 일화를 듣고 나니 골동품은 흥미로운 볼거리들로 변하였다.

가을빛으로 물들어가는 3월 초의 허브정원이 참 아름다웠다.

블루마운틴 국립공원은 산을 뒤덮은 유칼립투스잎이 강한 햇빛에 푸른색으로 보여 블루마운틴이라 불리었다. 수백 개의 가파른 계단으로 3개의 봉우리가 거대한 기암괴석의 바위산을 이룬 세자매봉 트레일에 올랐다. 세자매봉 정상으로 오르는 철제 다리는 안전 문제로 폐쇄되었고, 들어서면 벌금이 200불이다.

무료 주차장에 차를 두고 70불에 하루종일 교통수단을 이용할 수 있는 패스를 샀다. 시닉 트레인을 타고 415m 아래 계곡으로 내려가 열대우림 속의 트레일을 즐겼다. 중심부에 수액관이 있어 산불에 강한 유칼립투스는 이슬방울로 햇빛을 모아 불을 지펴, 바닥에 떨어뜨린 껍질을 태워 자양분을 만든다.

케이블웨이로 다시 정상에 올라 스카이웨이로 200m 거리의 계곡 맞은편으로 건너갔다. 10분마다 운행하는 스카이웨이는 40명이 탈 수 있는 커다란

케이블카로, 바닥의 투명 유리로 발아래 폭포와 푸른 숲을 감상할 수 있다.

GPS가 고장 나 지도를 보며 올라왔던 길로 돌아 나왔다. M7에서 실수로 시드니를 겹겹이 싸고 있는 유료 순환도로에 들어섰다. 하버 터널 등 6개 모터웨이에서 헤매다가 겨우 길을 찾아 숙소로 돌아왔다. 며칠 뒤 렌터카 회사에 적립된 신용카드에서 톨비/수수료 50불이 인출되었다. 시닉월드 비용을 감안하면 시드니 시내에서 출발하는 1일 투어도 추천할 만하다.

Sydney Harbour National Park

시드니 하버 국립공원

달링 하버의 6번 부두Quay Wharf 6에서 시드니 하버 국립공원과 타롱가 동물원을 돌아보는 캡틴 쿡Captain Cook 크루즈에 올랐다. 오페라 하우스와 하버 브리지를 지나 데니슨 요새Fort Denison에 내리니, 시드니의 마천루와 대자연이 어우러진 수려한 경관이 한눈에 들어온다.

타롱가 동물원에서 만난 아프리카 침팬지chimpanzee는 사람과 침팬지속에 속하는 유인원으로 사람과 가장 유사한 동물이다. 처음으로 불을 사용하였던 호모 에렉투스Homo Erectus는 'FOXP2'라는 유전자 돌연변이로 말을 할 수 있게 된다. 그들은 10만 년 전 아프리카를 떠나 세계로 퍼져 나가 네안데르탈인 등 4종의 사람들을 물리치고 현생인류Homo Sapiens의 직계조상이 되었다.

《구약성서》〈창세기〉 4장에는 에덴동산에서 추방된 첫 사람 아담과 이브의 첫아들 가인이 동생 아벨을 해친 이야기가 나온다. 15절에 여호아께서 아벨을 죽인 가인을 쫓아내시면서 그를 만나는 모든 사람으로부터 죽임을 면하도록 표를 준다. 여기에서 '그를 만나는 모든 사람'은 어디에서 온 것일까?

하트 모양의 장식을 달아놓은 쪽배들로 연인들을 유혹하는 달링 하버를 돌아보고 국립해양박물관을 찾았다. 키Quay 포구에 있는 오페라 하우스는 1,500석의 극장과 2,600석의 음악당 등이 있는 세계적인 문화 공간이다.

1973년에 완공된 오페라 하우스는 덴마크 건축가 예른 웃손Jørn Utzon이 오렌지 껍질에서 받은 아이디어로 만든 반원형의 특이한 지붕을 갖고 있다. 돛을 여러 개 단 범선 모양의 이 시드니 아이콘을 보기 위하여 매년 1천만 명 이상이 찾는다.

1788년 영국의 아서 필립 총독은 아프리카에서 남아시아를 거쳐 이주해 온 원주민들이 살았던 이곳에 영국 식민지를 건설하였다. 대부분 유배 온 죄

수들로 구성된 1천여 명의 마을은 영국 각료 시드니 경卿의 이름으로 명명 되었다.

1901년 6개 주에서 거주하던 영국 등 유럽 이민자들이 연방정부를 세웠다. 금광 발견으로 인구 5백만 명의 호주 최대 도시가 된 시드니는 다양한 이민자들의 문화에 바탕을 둔 국제적인 도시로 성장하였다.

Waitomo Glowworm Caves, New Zealand

와이토모 반딧불 동굴

뉴질랜드 북섬의 항구도시 오클랜드는 세계에서 음식물 반입이 가장 까다로운 곳이다. 집에서 만들었거나 개봉된 음식물은 통관이 안 되며, 허위 신고하면 즉석에서 벌금이 부과된다. 힌두교 신자 아룬Arun 민박에서 가까운 한인마트에 들러 햇반, 조미김, 스팸 등을 뉴욕과 비슷한 값으로 샀다.

오클랜드 해양 박물관 앞에서 출발하는 고래 사파리Whale Safari로 5시간 동안 바다를 누비었지만, 높은 파도로 고래를 볼 수 없었다. 그 보상으로 160불짜리 보상 쿠폰Complimentary Coupon을 받았다.

3천만 년 전 석회암 바다가 융기되어 생긴 와이토모Waitomo 동굴 천장에는 반디 유충이 서식하고 있다. 3㎜의 유충들은 곤충을 반짝이는 빛으로 유인하여 끈적끈적한 먹이줄에 걸리면 끌어올려 먹는다. 9개월 만에 번데기가 되어 13일 후 성충이 된 반디는 교배하고 며칠 만에 죽는다.

동굴 천장에 붙어있는 애벌레들이 발산하는 신비로운 불빛은 은하수만큼 아름답게 다가왔다. 이 투어에서는 사진 촬영이나 소리를 내는 등 반디 유충의 생존에 영향을 줄만 한 행동이 금지된다.

작은 배로 동굴 안으로 들어가기 전, 에코가 잘 되는 곳에서 그룹 대표가 노래 한 소절을 부르곤 한다. 〈연가〉를 합창한 한국 그룹이 돌아 나오면서 또다시 오랫동안 〈애국가〉를 부른다. 숨을 죽이고 동굴 천장을 바라보고 있는데, 한 사람이 재채기를 하자 모두들 까르르 웃으며 잡담을 시작한다. 참다못한 다른 관광객이 “Don’t talk” 하며 고함을 지른다. 고객들을 주의시키지 못하는 한국인 가이드의 프로정신이 아쉬웠다.

The Lord of the Rings, Hobbiton

영화 〈반지의 제왕〉 호빗마을

영화 〈반지의 제왕〉 촬영지 호빗 마을 투어 입장권은 인터넷이나 현지 샤이어스 레스트 Shire's Rest 에서 구입할 수 있다. 오전 9시 반부터 오후 4시 15분까지 45분 간격으로 출발하는 셔틀버스를 타고 호빗 마을로 들어가 가이드와 동행하는 투어이다.

1999년 피터 잭슨 감독은 알렉산더 목장에 영화 세트장을 만들고, 연못에서 울어대는 개구리들이 촬영에 지장을 주자 먼 곳으로 옮겼다. 집들이 있는 백 엔드 Bag End 언덕 위에 나무를 심고 타이완에서 수입한 20만 개의 인조 나뭇잎을 붙였다.

완벽을 추구하는 그의 열정으로 대박이 난 영화에 힘입어, 2013년 한해 4조 원의 관광 수입을 올린 이곳은 하루 3천 명이 방문하는 명소가 되었다.

흥겹게 파티를 즐겼던 풀밭에는 파티 트리 Party Tree 가 온 마을을 감싸듯 넉넉하게 자리 잡고 있다.

직원들이 호빗 방식으로 채소를 재배하고 있는 가든을 지나 물레방아가 있는 돌다리를 건너 그린 드래곤에 도착한다. 그곳에서는 영화 〈반지의 제왕〉에 매료된 사람들이 맥주 한 잔을 놓고 영화의 명대사를 함께 나눈다.

89불의 2시간짜리 데이투어 외에도 토요일에는 149불에 조식이 포함된 3시간짜리 투어를 할 수 있다. 또한 4시간 동안 초롱불이 밝혀진 오솔길을 따라 영화의 장면들을 분위기 있게 돌아보고, 그린 드래곤 식당에서 저녁 식사를 하는 199불짜리 이브닝 투어도 있다.

털털한 54세 영국계 노총각 존스 John's 하우스에 도착하여 생일을 맞은 그와 저녁 식사를 하였다. 혼자인 연유를 물으니 젊은 날 여행에 빠져 세상을 떠돌다 보니 혼기를 놓쳤다고 한다.

Agrodome Farm, Rotorua

아그로돔 동물농장

아그로돔 농장에서 65불 하는 콤보 티켓으로 양털 깎기와 목장 투어를 하였다. 실내 공연장에서 사회자가 20종의 양들을 소개한 후, 견공犬公들이 양들을 타고 넘으며 각가지 묘기를 벌인다. 한국어와 중국어가 동시 통역되는 이곳에서 능숙한 솜씨의 양털 깎기 시범이 끝나고, 관중들이 무대로 올라와 우유 짜기 체험 등을 한다.

넓은 초원에서는 양몰이 개가 목동의 신호에 따라 양들을 몰고 다니다가 우리 안으로 몰아넣는 쇼가 펼쳐진다. 트랙터로 농장을 둘러보는 동안 특이한 모습의 가축들이 사람들을 경계하지 않고 다가서서 사진모델이 되어준다.

인구 5백만 명의 뉴질랜드에는 3천만 마리의 양과 1천만 마리의 소가 있다.

골든 키위들이 주렁주렁 매달려 있는 키위나무 그늘에서 쉬고 있는 칠면조들이 자연의 축복이 가득한 뉴질랜드의 모습을 보여준다. 비타민 C가 사과와 포도보다 8배 이상 함유되어있는 키위는, 강력한 항산화제로 장운동을 조절하며 심장질환을 예방한다.

오른쪽에 운전석이 있는 뉴질랜드에서는 회전교차로에서 차례로 좌회전과 직진, 우회전을 한다. 맞은편에 차가 나타나면 무의식적으로 왼쪽 길가로 피하게 된다. 좁은 길에서 왼쪽 벼랑으로 떨어질 것 같아 다시 오른쪽으로 핸들 돌리기를 반복하자 경찰차가 나타났다. 음주 테스트를 거친 후 10분간의 안전교육을 받았다.

Rotorua Lake & Hells Gate

〈연가〉의 고향 로토루아

인구 7만 명의 로토루아는 뉴질랜드에서 두 번째로 큰 로토루아 호수의 남서쪽 끝에 위치한다. 마오리족 문화의 중심지로 뉴질랜드 최대의 관광지인 로토루아는 마오리어로 호수 Roto 와 둘 Rua 을 의미한다.

영국 식민지 시대에 관청으로 사용되었던 가버먼트 가든은 박물관 주위에 자리 잡은 아름다운 정원이다. 1880년대부터 유럽인들은 설퍼 시티 Sulphur City 라 불리는 이곳에서 온천과 간헐천 관광을 시작하였다.

폴리네시안 스파는 아이슬란드의 블루 라군과 터키의 파묵칼레, 영국의 로만 바스와 미국 옐로스톤의 맘모스 핫스프링 등과 함께 세계 10대 지열온천 중의 하나이다.

헬스 게이트Hells Gate는 활발한 지열 활동으로 유황 냄새가 코를 찌르는 간헐천이 있는 곳이다. 마오리 전사들이 치료받았던 알칼리 온천과 머드 스파에는 관절염 치료와 피부 관리를 위하여 찾아온 사람들이 많이 보였다.

블루/그린 레이크의 뷰포인트에서 바라다보면 오른쪽은 청색, 왼쪽은 녹색 호수가 펼쳐진다. 블루 레이크는 화산 분출암이 호수 바닥에 깔려 있어 파랗게 보이고, 그린 레이크는 호수 바닥의 얇은 모래층에 의해 초록색으로 나타난다.

로토루아 호수는 유황 함유량이 많아 독특한 황록색의 색조를 띠고 있다. 호반의 아가씨 히네모아가 금지된 연인 트타네카이가 살고 있는 모코이아섬까지 헤엄쳐 건너갔다는 러브스토리가 전해진다.

제1차 세계대전 때 초연된 〈포카레카레 아나Pokarekare Ana〉는 마오리족 출신 뉴질랜드 국민가수 카나와에 의해 불렸다. 한국전쟁에 참전한 뉴질랜드 병사에 의해 한국에서도 〈연가〉로 번안되어 큰 인기를 모았다.

비바람이 치던 바다 잔잔해져 오면 /

오늘 그대 오시려나 저 바다 건너서 /

저 하늘에 반짝이는 별빛도 아름답지만 /

사랑스런 그대 눈은 더욱 아름다워라 /

(후렴)

그대만을 기다리리 내 사랑 영원히 기다리리 /

그대만을 기다리리 내 사랑 영원히 기다리리 //

White Island

죽음의 활화산, 화이트섬 탐험

뉴질랜드 북섬 동쪽 와카타네에서 48㎞ 떨어진 곳에 해저 활화산 화이트섬이 있다. 마그마가 40㎞ 지표의 10㎞까지 접근해 있어 미국의 옐로스톤 국립공원과 함께 초대형 화산 폭발이 예상되는 곳이다.

로토루아에서 출발하는 400불의 화이트섬 투어 비용을 줄이기 위해, 렌터카로 요트가 출발하는 항구까지 가서 200불로 투어에 합류하였다. 40여 명의 승객과 함께 1시간 반을 달려 화이트섬 앞에 도착하여 2대의 조디악에 나누어 타고 섬으로 들어갔다.

화산섬 깊숙이 들어가 마그마로 끓고 있는 화산호에서 지구의 심장을 느

껴보았다. 구조헬기의 숨 가쁜 프로펠러 소리가 일촉즉발의 분위기를 더욱 고조시킨다. 돌발적인 폭발에 대비하여 헬멧과 방독면을 썼지만, 샛노란 유황탑에서 거세게 분출되는 유황 가스는 계속 트래킹을 방해한다.

가끔씩 불어오는 바닷바람에 숨을 쉬며 화산호까지 접근하였다가 고무보트가 있는 해변으로 내려왔다. 돌아오는 뱃길에 나타난 돌고래들이 요트 주위를 맴돌다가 앞서 헤엄쳐 나간다. 바다가 더 거칠어지자 이제 위험하니 배 안으로 들어가라며 멀리 사라진다.

2019년 12월 9일, 뉴질랜드 일주 크루즈 'Ovation of the Sea'의 관광객 47명이 화산섬을 찾았다. 오후 2시경 화산 폭발이 시작되자, 투어를 마치고 선착장 근처에 있던 23명은 즉시 배를 탔고, 늦게 선착장에 도착한 사람들 중 12명은 3대의 헬기에 의해 구조되었다.

폭발 당일 16명이 사망하고 2명이 실종되었다. 구조된 중상자들이 사망으로 이어져 호주인 14명, 미국인 5명, 뉴질랜드 가이드 2명 등이 희생되었다. 위험한 곳을 관광지로 개발했다는 국제사회의 비난에 뉴질랜드는 2020년 12월 관련 관광회사에 1백만 불의 벌금을 부과하는 공청회를 열었다.

1914년 이 개인 섬에서 유황을 채굴하던 10명의 인부가 화산이류로 사망하였다. 여러 번 작은 폭발이 일어난 후 105년 만의 큰 폭발로 22명의 사망자가 발생하여 화이트섬 입도 관광이 금지되었다.

Huka Falls & Crater of the Moon, Taupo

후카 폭포와 달의 분화구

뉴질랜드에서 가장 긴 와이카토강이 타우포 호수에서 100m 넓이로 유유히 흐르다가, 단단한 화산암 협곡으로 들어서면서 요동치며 엄청난 속도로 흐른다. 11m 높이의 후카 폭포에 이르러 굉음을 내며 초당 22만 리터의 물을 쏟아 내린다.

폭포 위쪽에 있는 트레일을 걷는 동안에는 평화롭게 잔잔히 흐르는 강물만이 보인다. 그러나 다리에 이르면 전혀 다른 광경이 펼쳐져, 한 치 앞도 알 수 없는 미래에 대한 염려를 잠시 내려놓게 된다.

폭포 맞은편 '달의 분화구Crater of the Moon'는 증기 구멍이 없는 미국 아이다호주의 달 분화구와는 달리 끊임없이 화산 열기를 분출한다. 수많은 증기 구멍에서 분출되는 스팀으로 주위가 황폐되고, 유황 냄새가 진동하여 지구

가 아닌 듯한 분위기를 자아낸다.

68불짜리 타우포 디브레츠 스파 리조트에 여장을 풀고 핫스프링 스파에서 피로를 풀었다. 이곳 사람들은 5시에 가게 문을 닫고 숙박업들도 8시에 오피스를 닫는 등 삶의 질을 높여주는 시스템을 갖고 있다. 인구나 경제 규모는 크지 않으나 그들의 의식 구조는 선진국 수준이다.

Tongariro National Park

통가리로, 마오리족 성지

뉴질랜드 최초의 국립공원으로 지정된 마오리족의 성소 통가리로는 세계 최초의 복합문화유산이다. 지금도 작은 폭발로 독특한 화산 지형을 만들고 있는 루아페후와 나우루호에산, 그리고 통가리로산은 영화 촬영지로 유명하다.

영화 〈반지의 제왕〉에 나오는 '부활의 산'까지 가려면, 방문자 센터에서 6㎞ 안쪽에 주차한 후 10㎞를 걸어야 한다. 30불의 요금으로 스키 리프트를 두 번 갈아타고 올라 해발 2,020m의 뉴질랜드에서 가장 높은 카페에 들렀다.

착한 값의 점심과 핫초콜릿을 마시며 구름 사이로 나타나는 절경에 빠져들었다. 짙은 안개로 산 정상은 볼 수 없었지만, 빙하와 화산이 훑고 지나가며 만들어 놓은 태고의 모습을 즐길 수 있었다.

웰링턴 픽톤 페리 터미널 근처 민박집에서 조식 포함 미화 48불로, 쿡Cook 해협을 감상하며 하룻밤 머물렀다. 아침 일찍 터미널로 나가 두 사람과 차의 보딩 패스 3개를 받고 1시간쯤 기다려 페리에 올랐다. 알뜰한 여행객들은 준비해 온 도시락을, 새벽 시간에 쫓긴 사람들은 매점에서 아침을 사 먹는다.

젊은이들의 대화방 퍼블릭 룸 대신 연장자들이 독서하는 콰이어트 룸에서 시간을 보냈다. 30불을 더 내고 싱글룸에서 새벽에 설친 잠을 보충할 수도 있었으나, 무료극장에서 영화 〈One Chance〉를 감상하다 보니 어느덧 4시간이 흘러 남섬에 도착하였다.

Nelson Lakes National Park

넬슨 레이크스 국립공원

뭉게구름이 탐스럽게 떠 있는 푸른 초원에서 한가히 풀을 뜯고 있는 소와 양들이 한 폭의 그림처럼 다가왔다. 사람의 그림자조차 찾아볼 수 없는 들녘에는 하얀 양들만이 조약돌처럼 흩어져 있다.

잡나무를 뽑아 뿌리째 태운 조림지역에 묘목들이 심겨 있다. 20년쯤 키운 원목을 중국에 수출하면 가구로 만들어져 뉴질랜드에 수입된다고 한다. 식목일에 '아카시아 나무를 심자'는 표찰을 가슴에 달고 다녔던 1960년대가 생각났다.

3시간여 만에 백패커들이 묵는 알파인 로지Alpine Lodge에 도착하여, 67불미화 45불을 지불하고 짐을 풀었다. 냉장고와 취사도구가 갖추어져 있는 부

억에서 여행객들이 식사를 준비하며 여행 정보도 나눈다.

여성과 남성용이 따로 있는 공동 샤워실 안에는 화장실과 세면대가 있다. 시트는 무료인데 타월은 한 개에 5불을 받기에, 집에서 가져간 타월과 체크인 할 때 받은 2불짜리 코인 2개로 샤워를 하였다.

숙소에서 넬슨 레이크스 국립공원으로 가는 블랙 밸리 트레일 숲속에서 청아한 새소리에 취해 보았다. 호숫가에서 카약을 즐기는 아이들과 흩어져 있는 수초들을 모아 쓰레기장으로 옮기는 꼬마가 인상적이다.

물을 뿌려가며 캠핑카를 닦고 있는 아이들이 보인다. 캠핑은 자연을 가까이 하고 각자의 몫을 책임지며 감당하는 전인 교육의 현장이다. 이런 연유로 가정 교육과 학교 시스템이 좋은 뉴질랜드에 많은 학생들이 유학을 온다.

프란츠 조셉 빙하로 가는 길에 파머스Farmers 마켓에 들러 양파 장아찌 한 병을 샀다. 안개가 피어오르는 계곡의 환상적인 풍경에 여러 번 차를 세우다 보니, 구글맵으로 거리를 계산하여 잡은 시간 계획은 엿가락처럼 늘어졌다. 미처 검색하지 못했던 명소가 나오면, 보너스를 얻은 기쁜 마음과 시간에 쫓기는 상반된 상황에 고민하며 즐거운 여행이 계속되었다.

Paparoa National Park

파파로아 팬케이크 락스

높은 산과 깊은 계곡을 지나 파파로아 국립공원의 트루먼 트랙Truman Trek으로 가는 동안, 가끔 비포장도로와 일차선 다리가 나타난다. 열대우림 속 트레일 끝 해변에서 화산암 굵은 모래를 사각사각 밟으며 해안을 빗질하고 있는 하얀 파도를 즐겼다.

남쪽에 있는 푸나카이키의 팬케이크 록스Pancake Rocks 트레일을 따라 유카들이 군락을 이룬 숲을 지나자, 팬케이크를 겹겹이 쌓아 놓은 듯한 이색적인 풍경이 남태평양의 푸른 바다를 배경으로 펼쳐진다.

미화 48불로 예약한 '프란츠 조셉 글레이셔 몬트로즈'에서 커플이 묵는 별관의 샤워실이 달린 방을 추가 요금 없이 업그레이드 받았다. 본관에는 주로 젊은이들이 묵는 도미토리로 공동 주방이 있다.

친절한 직원들이 저녁 8시에는 수프를, 아침 8시에는 간단한 아침 식사를 제공한다. 여러 나라 사람들과 어울려 식사 준비도 하고, 부담 없는 대화를 나누며 여행생활자의 삶 속으로 점점 더 깊이 빠져들어 갔다.

Franz Joseph Glacier

프란츠 조셉 빙하

아침 식사 전에 나선 시내 구경 중 빙하로 가는 버스를 기다리는 젊은이들이 보인다. '포 스퀘어Four Square'에 들러 하루에 세 번 보온 팩에 포장해 파는 로스트 치킨을 점심으로 사 들고 숙소로 돌아왔다.

왕복 5.4㎞의 프란츠 조셉 빙하 트레일에는 화려한 색상의 이끼로 수놓아진 바위들이 끝없이 펼쳐져 있다. 버스 여행자들은 매 시간마다 출발하는 8불의 셔틀버스를 이용한다.

빙하에 가까워지자 빙하가 녹아 쏟아져 내리는 폭포 소리와 빙하 위에 랜딩하는 헬리콥터 소리가 요란하다.

전망대 트레일에서 1800년대의 빙하 위치를 보며 급속하게 줄어드는 빙하를 실감하였다. 3.7㎞의 더글러스 워크 Douglas Walk 의 피터스 풀에 반영된 멋진 빙하가 보인다. 좁고 긴 스윙 브리지를 건너 5시간의 로버트 포인트 트레일이 계속된다.

프란츠 조셉에서 20㎞ 떨어진 폭스 글레이셔에는 그린 색과 블루 색의 환상적인 작은 빙하 호수가 있다.

가파른 하스트 패스 Haast Pass 를 넘으면 바다처럼 넓은 와나카 호수와 왼쪽으로 하웨아 호수가 나타난다. '퀸스타운 탑텐 홀리데이 파크' 캠핑장에 도착하여 밀포드 사운드 크루즈를 수수료 없이 예약하였다. 가스레인지는 무료이나 주방기구는 사용료 5불을 내야 하고, 샤워실 수건과 샴푸도 빌리거나 사야 한다.

Queenstown

퀸스타운, 엑티비티의 천국

남섬의 중심도시 퀸스타운에서 와카티푸 호수를 끼고 글렌노치 Glenorchy 를 향하여 올라갔다. 호수의 끝에 정착한 스코틀랜드 사람들은 고향에 있는 계곡 글렌 오키 Glen Orchy 의 이름을 합성하여 글렌노치라 부르면서 그리움을 달랬다.

300여 명이 사는 작은 마을 글렌노치는, 빼어난 경관으로 영화 〈반지의 제왕〉 첫 번째 작품 〈반지원정대 The Fellowship of the Ring〉의 촬영지가 되었다. 그 외에도 〈나니아 연대기 The Chronicles of Narnia〉, 〈엑스맨 오리진 X-Men Origins〉 등이 촬영되었다.

와카티푸 호수를 마주보는 언덕의 리틀 패러다이스 로지는 한 예술가가 20년 동안 3천 그루의 장미 등 꽃, 나무, 조각품 등으로 꾸며 놓은 곳이다.

입장료 14불을 내고 과일나무 사이에 흥미롭게 전시되어 있는 조형물들을 돌아보며 백합 향기 그윽한 정원에서 공작새들을 만났다.

퀸스타운에서 32불에 곤돌라를 타고 정상에 올랐다. 언덕 위에서 패러글라이더가 힘차게 계곡을 향해 떠 오른다. 조종사와 함께 패러글라이딩 하는데 220불, 비디오와 사진을 원하면 50불이 추가된다. 번지점프대에서 외마디 소리를 지르며 뛰어내리는 젊은이들도 보인다.

많은 한국 젊은이들이 일하면서 영어도 배우는 워킹 홀리데이Working Holiday로 퀸스타운에 머문다. 인터넷으로 소문이 퍼져 옆 가게 빵집 앞까지 긴 줄이 이어지는 펀버거Fernburger 가게에서 얼굴만큼이나 큰 버거 샌드위치를 미화 8불에 샀다.

버거를 먹는 동안 가끔씩 주차장 앞 공원 잔디밭에 패러글라이더가 착륙하여 이곳이 액티비티의 천국임을 확인시켜 준다. 퀸스타운은 묘한 매력이 있는 곳으로, 사람들이 몰려드는 이유를 어렵지 않게 찾을 수 있다.

Milford Sound

밀포드 사운드

퀸스타운에서 테아나우를 지나 4시간을 달려 미러 레이크에서 잠시 쉬었다가, 2시간 뒤에 피오르랜드 Fiordland 국립공원의 밀포드 사운드에 도착하였다. 주차장에서 10여 분 걸어 내려가 매표소에 예매권을 제시하고 크루즈 탑승권을 받았다. 이 건물 앞 주차장은 대형버스 전용이고 장애인 승용차만 주차할 수 있다.

그림 같은 포구를 미끄러지듯 빠져나간 배 위에서, 해발 1,682m로 바다에서 솟아오른 봉우리 중에 세계 최고인 미트레 피크 Mitre Peak를 만났다. 굉음을 내며 쏟아져 내리는 거대한 보웬 Bowen 폭포와 스티어링 폭포 그리고 사자와 코끼리 바위 등이 보인다.

피오르랜드 그레이트 뷰 홀리데이 파크 캠핑장에서는 시트와 담요는 추가로 10불을 받는다. 신용카드는 안 된다며 시내에 나가 뉴질랜드 달러로 바꾸어 오라기에 두꺼운 옷들을 이불 삼아 잠을 청하였다. 요란한 히터 소리에 가수면 상태로 밤을 지새우다가 남편과 함께 화장실에 가면서, 하늘에서 다이아몬드처럼 쏟아져 내리는 은하수를 만났다. 캐빈 안에 화장실이 있었다면 결코 볼 수 없었던 화려한 별들의 향연이었다.

섭씨 6도의 날씨에 잠을 설치다가 깨어보니 8시가 훌쩍 넘었다. 10분 거리의 국립공원을 찾아 테아나우 호수 새 서식지에서 키아 등 뉴질랜드에만 서식하는 새들을 만났다. 지구상에 하나로 존재했던 대륙이 남북으로 갈리고, 남극대륙에서 아프리카와 남아메리카, 그리고 호주가 떨어져나왔다. 8천만 년 전에 뉴질랜드가 마지막으로 분리되면서 동물들은 고유의 종으로 진화하였다.

Bluff

블러프, 지구의 남쪽 땅끝

테아나우에서 남섬 끝 블러프까지 183㎞에 이르는 푸른 초원에 하얀 양들과 윤기가 흐르는 소들이 끝없이 나타난다. 블러프의 산 정상 전망대에 올라 지구 최남단의 비경을 감상하였다.

블러프 해양박물관을 찾아 두 사람 입장료 6불을 카드로 내려 하니 신용카드는 받지 않고 자국 화폐를 요구한다. 한국 신문에 포스팅한다는 말을 들은 신사 한 분이 고맙게도 대신 내주었다.

1760년 쿡 선장이 발견한 블러프는, 1813년 9명의 직원과 함께 선박 수리업을 시작한 유럽인에 의해 뉴질랜드 최초의 정착지가 되었다. 주민 2천 명의 작은 항구도시지만 남극해로 떠나는 어선들의 집결지이다.

작은 등대가 있는 스티어링 포인트에서 스쿠버 다이버들이 물에서 나와

잡아 온 전복을 망에서 꺼내는데, 검사관이 나타나 크기를 잰다. 주민들은 10개까지 12.5㎝가 넘는 것만 잡을 수 있는데 하나가 조금 작았다. 노인이 0.5㎝ 짧은 자를 보이며 이것으로 잡았다고 하자, 검사관은 바른 자를 주면서 앞으로는 이것을 사용하라며 훈방한다. 해변에서 잡은 해산물은 팔거나 살 경우 양쪽 다 처벌받는다.

뉴질랜드의 땅끝에서 해돋이를 보기 위해, 인버카길 숙소에서 30㎞ 남쪽 블러프를 다시 찾았다. 자욱한 새벽 안개 속의 몽환적인 분위기에 취하여 시간을 망각하고 있다가, 전망대에 도착하여 바다에서 떠오르는 태양을 가까스로 볼 수 있었다. 편의점에서 산 진한 시푸드 차우더가 쌀쌀한 새벽 공기로 허해진 속을 든든하게 해 주었다.

Mt. Cook Hooker Valley Trail

뉴질랜드 최고봉 마운틴쿡 트레일

푸카키 호수 방문자 센터에서는 관광 안내를 하며 연어 초밥과 연어회도 판매한다. 호수 끝을 지나면 많은 숙소들과 함께 아오라키·마운틴쿡 국립공원 방문자 센터가 나타난다. 그곳에는 등산 관련 자료들이 전시되어 있다.

청명했던 하늘이 갑자기 어두워지기 시작하여 서둘러 왕복 2.8㎞의 키아 포인트 트레일로 들어섰다. 굵은 빗발로 하산하는 하이커들과 인사를 나누며, 해발 3,593m의 마운틴쿡 계곡 트레일 끝까지 다녀왔다.

테카포 호숫가에 있는 테일러 메이드 벡패커 호스텔의 공동 주방에서는 지구촌의 각종 음식 냄새가 향기롭게 풍긴다. 혹시 취미가 같은 짝을 만나게 될지도 모른다는 기대로 맵시를 낸 싱글들, 함께 조리하며 데이트하는 젊은 커플과 가끔 나이 지긋한 부부도 보인다.

3개의 현수교가 있는 왕복 10㎞의 후커밸리 트레일 초입에는 프레다의 바위Freda's Rock가 있다. 프레다는 1910년 여성으로 처음 마운틴쿡을 등반하고 내려와 이 바위 앞에서 포즈를 취했다. 알파인 메모리얼Alpine Memorial은 1800년대부터 희생된 사람들의 추모비이다. 정면에는 마운틴쿡 등반로를 개척하다 죽은 엔지니어와 가이드 이름이 새겨져 있고, 후면에는 그 후에 희생된 등반가들의 명패가 있다.

짙푸른 가시나무 관목과 갈대숲 사이에 피어있는 야생화를 감상하며 환상적인 트레일을 걸었다. 올라갈수록 맞바람이 강해지고 소나기와 땡볕이 번갈아 나타나, 후드를 벗었다 걸치기를 반복하였다.

후커강의 세찬 물살이 굉음을 내며 흐르는 두 번째 현수교를 건너 Hut에서 잠시 숨을 고른다. 마지막 흔들다리를 건너 올라가면 빙하와 함께 떠내려온 돌조각들이 쌓여있는 계곡이 나타난다. 빙하 조각들을 품은 회색의 후커 호수에서 하이커들은 휴식을 취한 후 되돌아 나온다.

태즈먼 밸리로 들어가 계단을 오르면 왼쪽으로 녹색의 블루 레이크가 나타난다. 푸른색 호수는 지각변동으로 물이 빠져나가지 못하여, 지금은 엘지 Algae 들이 자라 녹색으로 변한 것이다. 나무계단을 20여 분 걸어 글레이셔뷰 전망대에 오르면, 유빙들이 떠있는 회색빛의 호수가 나타난다.

마운틴존 Mt. John 대학 천문대에 오르자 테카포 호수 Lake Tekapo 주위로 형성된 작은 마을 위쪽에 이틀간 정들었던 에어비앤비가 보인다.

Moeraki Bolders & Blue Penguin

신비의 모에라키 볼더스와 블루펭귄

트위즐에 있는 연어 양식장에서 먹이를 사서 던져주니 연어들이 힘차게 뛰어오른다. 그 활력이 넘치는 연어로 만든 초밥과 차우더의 맛을 보고, 신비의 모에라키 볼더스를 찾아 동해안으로 달렸다.

한적하고 평화로운 길에서 수백 마리의 소 떼가 길 아래 굴다리로 지나가는 장관을 만났다. 소먹이로 뽑힌 무들이 흩어져 있는 무밭에는 수많은 하얀 나비들이 너울댄다. 땅굴에 비닐을 덮고 폐타이어로 눌러놓은 사료 저장고들이 자주 보인다.

모에라키 볼더스 비치Boulders Beach에는 지름이 너무 커져 무게를 견디지

못하고 갈라진 볼더들이 5천만 년 전 태고의 속살을 보여준다. 보석처럼 투명한 돌이 서기를 발하는 중심부에서 바깥쪽으로 형성된 나이테는, 수천만 년 동안의 생성과정을 보여준다.

모에라키 볼더는 동물의 뼈 같은 결핵체를 중심으로 석회암이 방사형으로 자라면서 퇴적물이 그 사이에 들러붙은 것이다. 언덕 위에도 해안이 융기되는 바람에 성장을 멈춘 크고 작은 볼더들이 많이 보였다.

오아마루에는 키 25㎝, 무게 1㎏로 전 세계 18종의 펭귄 중 가장 작은 블루펭귄 500여 마리가 서식하고 있다. 오아마루 항만 일대에서 먹이 사냥을 하다가 어두워지면 해안에서 올라와 땅굴에서 잔다. 오전과 오

후 하루 두 번 드나드는 펭귄들을 보기 위해 저녁 7시경에 서식지로 갔다.

달빛에 반짝이는 남태평양 해안에서 블루펭귄들이 무리지어 올라와, 프리미엄석 앞 나무계단 아래에서 몸을 말린다. 프리미엄석은 펭귄을 더 가까이에서 볼 수 있어 광장 건너편에 있는 일반석보다 15불이 더 비싸다.

지진의 폐허 속에서 부활한 크라이스트처치

크라이스트처치의 캔터베리 박물관은 뉴질랜드의 자연과 마오리족 문화를 접할 수 있는 곳이다. 입장료가 무료인 박물관 뒤쪽으로는 넓은 정원이 이어져 방문자들의 휴식처가 되고 있다.

22불의 곤돌라로 산 정상에 올라 도시를 내려다보고 숙소에 돌아와 보니, 북극 탐험 송별파티에서 고별사를 했던 Paul의 메시지가 와 있다. 조금 뒤 도착한 190㎝ 거구의 폴과 앤 커플의 안내로 맞춤투어를 시작하였다.

인구 36만 명의 크라이스트처치는 뉴질랜드 남섬 제1의 도시로 정원도시라고 불릴 만큼 아름다운 곳이다. 185명이 희생된 2010년과 2011년의 대지진으로 시내 곳곳에는 보수공사가 한창이다. 5만 명이 이재민 지원금을 받아들고 떠났으나, 세월이 지나 사람들이 다시 돌아오기 시작하여 도시는 활력을 찾고 있다.

1864년에 지어진 대성당을 원래의 모습으로 복원하자는 주장과 현대식으로 새로 짓자는 의견이 팽팽하였다. 대법원이 안전 문제와 5천만 불의 보험금 한도 등을 고려하여 신축으로 유도하는 판결을 내렸다.

2013년 카드보드와 목재 철재로 세련되게 지어놓은 크라이스트처치 골판지 대성당Christchurch Transitional Cathedral을 찾았다. 600만 불을 들여 일본 설계사가 완공한 이 성당은, 새 성당이 완공될 때까지 임시예배 처소로 사용된다.

키위 양갈비 스테이크와 2%의 알콜이 들어간 크라이스트처치 맥주 '1 Stroke'로 저녁 식사를 하면서, 북극에서 함께 지냈던 추억과 남극 탐험 이야기 등으로 밤늦게까지 폴 부부와 즐거운 시간을 가졌다.

Kaikoura to Wellington

카이코우라에서 수도 웰링턴까지

호스텔 올스타 인All Star Inn에서 체크아웃할 때 보증금 20불을 자국 화폐로 돌려주기에, 과일이나 농가에서 방목으로 키운 달걀을 살 때와 빨래방에서 요긴하게 사용하였다. 해안 도로를 따라 카이코우라로 가는 동안, 검은 바위 위에 하얗게 무리 지어 있는 바닷새들과 그 사이에서 뒹굴고 있는 물개들을 만났다.

사우스 베이의 조용한 어촌에는 어패류의 껍질들이 쌓여 만들어진 하얀 석회석 바위들이 볼거리를 만든다. 아름다운 꽃나무와 소품으로 장식된 마을 끝, 자그마한 포구에서는 고래 관람Whale Watching 배가 출발한다.

페리터미널에서 10분 거리의 픽톤 캠퍼밴 파크에서 남섬의 마지막 밤을 보냈다. 주룩주룩 내리는 비를 맞으며 캐빈 앞에서 텐트를 치는 젊은 커플이 보인다. 4개뿐인 캐빈을 반 년 전에 예약하길 잘했다는 생각이 들었다.

차가 없는 승객은 45분 전, 차가 있는 사람은 1시간 전에 터미널에서 체크인을 해야 한다. 북섬 센터포트 웰링턴CentrePort Wellington에 가까워지자 이곳이 뉴질랜드의 수도임을 알리는 마천루가 나타난다.

Museum of New Zealand Te Papa Tongarewa

테파파 통가레와 박물관

웰링턴 항구 공원에서 마오리족 다부진 여학생과 키가 큰 백인 여학생이 자존심 대결을 한다. 다이빙대에서 바닷물 속으로 뛰어내린 후 능숙하게 헤엄쳐 올라온다. 이곳 학생들은 아직도 무릎 아래까지 내려오는 교복을 입는다.

테파파 통가레와 박물관에서 "더 그레이트 워 액서비션 The Great War Exhibition" 특별전을 돌아보았다. 밀랍으로 만든 전쟁터의 여러 모습 중에, 흐르는 눈물까지도 생생하게 표현한 작품에서 전쟁의 비극과 예술가들의 열정을 느꼈다.

많은 마오리족들이 참배하고 있는 이곳에서, 건국 역사와 자연 생태계 등 뉴질랜드의 종합편을 보며 진한 감동의 시간을 가졌다. 와이탕이 조약서에 들어간 마오리족 대표들의 부족 이미지 서명이 이채로웠다.

10세기부터 폴리네시아의 여러 섬에서 사람들이 무인도 뉴질랜드로 건너오기 시작한다. 13세기 후반에는 대양 항해용 카누 와카Waka로 대규모 이주가 이루어져 뉴질랜드 북섬에 정착한다.

1642년 네덜란드 탐험가 아벨 타스만에 의해 발견된 뉴질랜드에서, 1840년 백인들이 통치권을 갖고 마오리족이 땅을 소유하는 와이탕이 조약이 맺어진다. 백인들이 조약을 어기고 이민자들에게 토지를 팔자, 1841년부터 5년간 마오리 전쟁이 발발한다. 1860년 대영제국은 마오리족에게 투표권을 주고 그들과의 공존을 선포한다.

1947년 독립한 후 마오리어는 뉴질랜드의 공용어가 된다. 5백만 인구 중 대부분 유럽계이고, 마오리족은 17%, 아시아계는 15%이다. 마오리어로 '아오테아로아Aotearoa'인 뉴질랜드는 북섬과 남섬, 그리고 600여 개의 작은 섬들로 구성되어 있다. 호주 및 태평양 도서와 멀리 떨어진 지리적 고립으로 인해 인간이 정착한 마지막 땅이 되었다.

1980년생 40대 여성 야신다 아데른Jacinda Ardern이 총리로 내각을 이끌고, 엘리자베스 2세를 대신하는 총독 팻시 레디Patsy Reddy 또한 여성으로 2016년부터 재임하고 있다. 뉴질랜드는 삶의 질과 보건, 그리고 교육 등에서 높은 평가를 받고 있다.

Te Puia, Rotorua

마오리족 전통 디너쇼

마오리족 민속공연이 있는 로토루아 테푸이아에는 포후투 간헐천이 있다. '간헐천'이라는 뜻의 '테푸이아'는 공연장 뒤쪽으로 수많은 간헐천이 있는 언덕의 이름이다. 하루 20번 이상 30m로 솟아오르는 포후투는 이곳에서 가장 강력한 간헐천이다.

조각과 직물 등에서 독특한 문화를 창조한 마오리족은 기둥이나 벽에 나선무늬와 이상한 표정의 얼굴들을 조각한다. 무기나 카누 등에도 조각을 하는 이들은 국립 나무 조각 학교를 세워 전통기법을 전승한다.

생태관에서 만난 뉴질랜드 국조 키위는 날개가 퇴화해 날지 못하는 멸종

위기의 새로, 부리가 가늘고 매우 긴 것이 특징이다. 뒤뚱거리는 자세로 빨리 달리며 낮에는 굴속에 숨어 자는 야행성 새로 나무의 뿌리나 곤충, 지렁이 등을 먹는다.

마을 입구에서 마오리족의 특이한 환영 인사가 있은 후, 전통방식으로 땅속에서 고기와 채소를 구워내는 과정을 보여준다. 활력 넘치는 마오리 전통춤 하카와 함께 잔잔한 〈연가〉 등 민속 가락을 감상한 후, 식당으로 이동하여 푸짐한 뷔페를 즐겼다.

식사를 끝내고 전동차로 낮에 보았던 것과는 또 다른 모습의 간헐천을 돌아보았다. 지열로 따끈해진 돌계단에 걸터앉아 핫초코 한 잔씩 들고 작별인사를 나누었다. 75불로 결코 잊을 수 없는 추억을 만들었다.

Whangarei Falls & Tutukaka Light House

왕가레이 폭포와 투투카카 등대

로토루아에서 왕가레이까지 유료도로를 이용하면 4시간에 갈 수 있다. 세군데 톨비를 절약할 겸 시골길로 돌아, 아름다운 풍경들을 감상하며 7시간 만에 도착하였다.

예약을 잊고 있던 에어비앤비 예술가 할머니가 우리가 들어서자 당황하며 방을 정리한다. 곳곳에 작품들이 전시된 그녀의 집안은 흡사 작은 동네 미술관 같았다. 뒤뜰 텃밭에서 무화과 열매를 따주며 환영한다.

민물장어가 서식하고 있는 왕가레이 Whangarei 폭포를 찾았다. 자원봉사 할아버지의 소개로 투투카카 라이트 하우스 트레일에 오르자 진초록의 비옥한 풀밭 언덕길 양쪽으로 해안의 비경이 나타났다.

가파른 계단 아래로 내려가 어패류 껍질들이 촘촘히 붙어있는 바위 사이를 걸어 등대섬으로 들어섰다. 사람들의 발길로 만들어진 트레일은 숲속으로 그늘 길이 이어진다. 주차장에서부터 40여 분 걸어 산등성이 끝, 태양 에너지로 작동하는 등대에 도착하였다. 만조가 되면 몇 시간 동안 고립되는 그곳을 나와, 해변가를 달리다가 왕가레이의 아름다운 석양을 만났다.

세계에서 오존층이 가장 얇아 자외선이 강한 이곳 학교에서는 모자를 꼭 쓰게 한다. 밖에 나갈 때는 햇볕이 따가워 자외선차단 크림도 필수이며, 모든 국민에게 정기적으로 피부암 검진을 받게 하고 있다.

Cape Reinga

북섬 끝 케이프 레잉가

북섬 끝 케이프 레잉가로 향하는 새벽길에 운해로 가득한 계곡의 환상적인 풍경이 나타난다. 지평선을 붉게 물들이며 태양이 떠오르자 소와 양 떼들이 푸른 초원 위에서 하루를 시작한다.

200㎞쯤 북상하여 좌회전으로 5㎞쯤 들어가니, 90mile beach가 눈 앞에 펼쳐진다. 거센 파도로 짙은 색의 모래가 뒤집혀 솟아오르는 해변에서, 액셀을 밟으며 단단한 모래 위를 달려보았다. 하지만 그것도 잠시, 90마일의 모래 해변으로 케이프 레잉가까지 가는 호기심을 접고 그곳을 나와 곡예 운전으로 100㎞를 더 달렸다.

최북단 케이프 레잉가에 도착하니 그림엽서 같은 비경이 펼쳐진다. 마오리족은 남태평양과 태즈먼 해협의 파도가 만나 서로 힘차게 부딪히는 이곳에서, 죽은 자의 영혼이 지하세계로 내려간다고 믿었다. 땅끝 주차장에서 망망대해로 이어지는 풍경을 따라 왕복 1.5㎞의 케이프 레잉가Cape Reinga 등대 트레일에 들어섰다.

7명 그룹으로 온 남녀 젊은이들이 남태평양을 바라보며 떠날 줄을 모른다. 아마도 미래를 향한 그림을 더 크게 그리고 있지 않을까…, 아니면 오늘밤 어디에서 누구와 지낼까 하는 고민을 하고 있을지도….

지구의 모든 육지가 다 들어갈 정도로 넓은 태평양에서, 포말을 일으키는 파도와 하얀 등대가 한 폭의 그림을 만든다. 23일간의 뉴질랜드 종단여행을 무사히 마칠 수 있었음에, 감사와 가슴 벅찬 감동을 온몸으로 느꼈다.

고래사냥으로
뉴질랜드 종단을 마치다

베이 오브 아일랜즈의 관문 도시 파이히아Paihia 다운타운 근처 언덕 숲 속에 53불로 예약한 민박에 여정을 풀었다. 주차장에서 방으로 이어지는 아담한 정원과 독특한 실내 장식이 누적된 피로를 풀어준다.

주위 섬에서 레포츠를 즐긴 젊은이들이 요트로 돌아와 파이히아 해변공원에 모여 앉아 여유로운 삶의 모습을 보여준다. 바닷속에 지지대를 박아 만든 운치 있는 식당에서 맛있는 음식 냄새가 풍겨 나온다.

첫날, 160불 하는 '오클랜드 웨일/돌핀 사파리' 투어로 오클랜드 앞바다를 헤매었지만, 고래를 보지 못해 받은 쿠폰으로 다시 배에 올랐다. 평일에는 3

시간밖에 주차할 수 없는 선착장 근처 박물관 옆 공용 주차장은, 공휴일에는 6불+신용카드 사용료 50전만 내고 온종일 주차할 수 있었다.

뉴질랜드 여행의 첫날과 끝날을 고래사냥으로 장식하였다. 공휴일 연휴로 승선 인원은 전보다 두 배나 많아 조금 복잡했지만, 분수를 만들어가며 위치를 알리는 고래의 활기찬 모습을 볼 수 있었다.

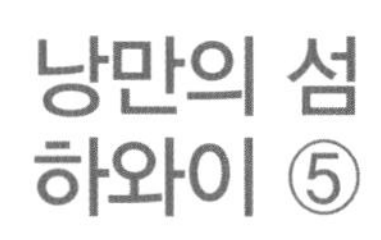

낭만의 섬 하와이 ⑤

Hawaii

Dole Pineapple & Waimea Valley

가성비 최고의 하와이 여행

2015년 1월 초 매서운 뉴욕의 추위를 피하여 하와이로 떠났다. 첫 주는 렌터카로 오아후섬을 일주하고, 둘째 주는 Pride of America 크루즈로 마우이, 빅아일랜드, 카우이섬을 7일 동안 돌아보았다. 섬 간 항공료와 숙식비를 고려하여 1,100불의 크루즈로 가성비가 좋은 투어를 하였다.

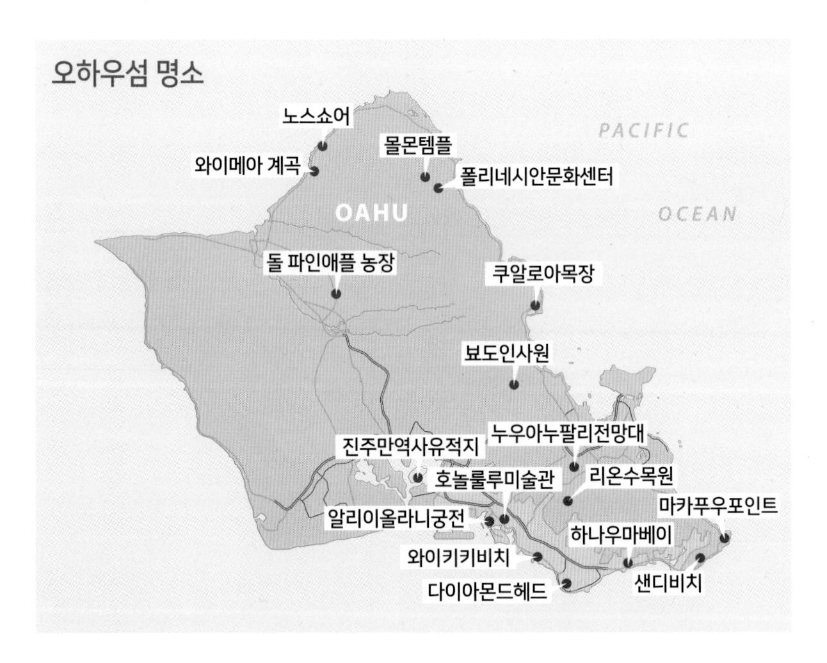

1984년 남편 출장길에 동행하였으나, 아이들이 어리고 남편도 시간을 쉽게 낼 수 없어 트레일은 엄두도 내지 못했다. 이번에는 홀가분한 마음으로 밑반찬도 준비하여, 오하우섬을 일주하며 많은 트레일에 도전하였다.

돌 파인애플 농장에서 Pineapple Express에 올라, 작열하는 태양 아래 비옥한 토양에서 풍성하게 자라는 농작물들을 돌아보았다. 하버드에서 농업경영학을 전공한 제임스 돌1877~1958은 1901년부터 파인애플 제품을 만들어 세계에서 가장 큰 파인애플 회사를 만들었다. 전 세계 유통량의 70%를 차지하는 하와이 파인애플은 하와이 경제를 이끌어가는 효자상품이다.

네티즌들의 낭만이 된 지오반니 새우 트럭Giovani Shrimp Truck 옆에는, 한인이 운영하는 Honos 트럭이 있다. 예능 프로그램 무한도전에 출연했던 이 트럭에 한글 낙서가 빼곡하다. 두 스쿱의 찰진 밥에 마늘과 버터에 볶은 새우 8마리와 양배추 샐러드를 곁들인 13불의 새우 요리는 소문대로 맛 또한 일품이었다.

와이메아 밸리Waimea Valley 역사 자연공원을 찾아, 트램으로 1마일의 계곡을 오르며 5천여 종의 폴리네시안 식물들을 만났다. 트레일 끝 폭포 아래 호수에서는 젊은이들이 수영을 즐긴다. 문화 체험장에서 전통놀이를 한 후, 허브 냄새 가득한 트레일을 내려오는 동안 멸종 위기의 하와이 토종닭들이 보였다.

Hawaii의 Ha는 공기나 인생, Wai는 물 혹은 공동체를 말하며, I는 영혼 또는 신을 의미한다. '하와이'라는 말처럼 하와이안들은 물줄기의 근원인 계곡이나 폭포를 신성하게 여긴다.

노스쇼어 North Shore 의 라니아케아 Laniakea 비치에 40살 된 바다거북이 수컷과 37살 된 암컷, 그리고 파도 사이로 다른 거북이들이 보였다. 이 비치는 Pipeline 파도로 서퍼들의 로망이지만, 바람이 적은 날에는 Paddle Boarding을 하는 가족들의 차지가 된다.

Waikiki Beach & Diamond Head

와이키키 비치와 다이아몬드 헤드

와이키키 비치에서는 밤 대기 온도가 화씨 70도로 떨어져도 바닷물 온도는 큰 변화가 없어 새벽에도 수영을 즐길 수 있다. 이른 아침부터 비키니 차림의 여인들이 모래사장에서 썬탠을 하고, 방파제 옆 물 위에서는 요가에 열중하는 아가씨들도 보인다.

다이아몬드 헤드 Diamond Head 는 30만 년 전 화산 폭발로 생긴 분화구로 하와이의 랜드마크이다. 1820년 이곳을 지나던 영국 해군이 반짝이는 언덕을 보고 다이아몬드 헤드라고 불렀으나, 정작 반짝이던 것은 영롱한 방해석 Calcite 결정체이었다.

제2차 세계대전 때 일본군의 공습에 대비하여 만든 군사시설까지, 왕복 1.5마일의 다이아몬드 헤드 크레이터 트레일에 나섰다. 분화구 터널을 지나 안쪽 주차장에 차를 두고, 완만한 길을 조금 올라 거친 자연석 트레일에 들어섰다.

동굴터널을 2분 정도 통과한 후, 오른쪽은 99개의 가파른 계단과 관측소까지 43개의 나선형 계단을 올라야 하고, 왼쪽으로 돌면 완만하고 직선형 계단으로 오를 수 있다. 나선형 철제 계단 끝, 비좁은 해안포대 관측소 덮개 밑으로 빠져나오면 해발 761피트 정상에 도달한다. 세계에서 가장 완벽하게 보존된 거대한 분화구와 현대적인 도시가 어우러져 멋진 풍경을 만든다.

분화구를 한 바퀴 도는 3.5마일의 하나우마 베이 Hanauma Bay 트레일로 올라가는 능선에서 한국 지도 모양의 마을과 하나우마 베이를 내려다볼 수 있다. 매일 소나기가 내린 후 무지개가 나타나는 하와이는 '레인보우 스테이트'라 불린다.

언덕을 지나 왼쪽으로 하와이 토종식물 Villous Waterclover의 군락지가 나타난다. 3만 년 전 화산 폭발 시 분출된 용암이 박혀있는 트레일은 이곳의 지질역사를 보여주며 하이커들의 길라잡이가 된다.

하나우마 베이는 말발굽 모양으로 내륙 깊숙이 들어와, 바람이 세지 않고 산호와 암초들이 파도를 막아주어 맑고 잔잔한 물속에서 스노클링을 즐길 수 있는 곳이다. 오염이 심해지자 1990년부터 해양보호지역이 되어 선크림 사용과 음식물 반입이 금지되었다.

Sandy Beach & Macapuu Point

샌디 비치와 마카푸우 포인트

하나우마 베이에서 샌디 비치로 가는 길에, 파도가 밀려올 때마다 분수가 솟구쳐 오르는 할로나 블로우홀 Halona Blowhole 이 나타난다. 밀물 때 바닷바람이 세게 불면 최대 30피트 높이까지 물보라를 뿜어내는 장관을 볼 수 있다.

멀리에서 잔잔하게 보였던 샌디 비치가 막상 가까이 다가가니 역동적인 다른 세상으로 변한다. 큰 파도가 밀려올 때마다 표류하듯 떠올라 파도를 타는 사람들은 "위험하니 조심하라."라는 세이프 가드의 방송에도 아랑곳하지 않고 물놀이를 즐긴다.

폭포처럼 갈라지는 파도 앞에서 들어갈 엄두를 내지 못하고 망연자실하는 아가씨들이 보인다. 아름다운 몸매의 아가씨들이 잡지에 포스팅 되기를 원하는 듯, 수영보다는 눈에 잘 띄는 위치에서 워킹을 한다.

뜨거운 햇살 아래 눈부시게 반짝이는 백사장에서 젊은이들의 비키니가 돋보인다. 산더미같은 파도 위에서 서핑을 즐기고, 대자연의 환상적인 분위기에 커플들은 자연스럽게 키스신으로 들어간다.

마카푸우 포인트 전망대에 이르는 1마일 트레일 중에 반바지 차림의 하이커들이 트레일을 벗어나 선인장 사이를 걷는다. 젊은이들이 험준한 절벽 아래로 걸어 내려가, 천연 수영장 용암벽 앞에서 부서지는 거센 파도를 바라보며 수영을 즐긴다. 절벽을 깎아 만든 길 아래로 하얀 가드레일을 두른 채, 빨간 모자를 쓰고 있는 등대가 그림엽서처럼 나타났다.

정상에 있는 군 벙커에 보급품을 나르기 위하여 건설된 철도가 코코 크레이터 철도 Koko Crater Railway 트레일로 변하여, 하이킹 마니아들의 성지가 되었다. 쾌적한 새벽에 다녀오면 Stairway to Heaven, 한낮의 땡볕에 고생했던 이들에게는 Stairway to Hell로 기억되는 곳이다.

오후 4시의 지친 상태로 1,048개의 침목 계단을 올려다보니 엄두가 나지 않아 하이킹을 접었다. 작은 점으로 변하는 남편을 보며 '이별이란 이런 것이겠구나.'하는 생각이 들었다. 허리춤에라도 매달려 가볼까 하다가, 내가 뒤따라

가면 산 정상까지 오를 것이 불 보듯 뻔하여 마음을 다잡고 끝까지 버티었다.

사라졌던 남편이 성큼성큼 다가오자 반갑고 미안한 마음이 들었다. 그러나 남편은 중간쯤에 철교가 있어 안 가기를 잘했다며 나를 위로한다. 식당에서 지친 몸을 추스르자는 제안에, 알뜰여행의 원칙을 조금 벗어나지만 이곳의 해물 맛도 궁금하고 그의 말을 또 거스르는 것이 유쾌하지 않아 Call!!!

Lyon Arboretum & Byodo In Temple

리온 수목원과 뵤도인 사원

1918년 리온Harold Lyon 박사에 의해 심어진 2천여 종의 나무들로 시작되어 지금은 5천여 종이 울창한 숲을 이룬 리온 수목원Lyon Arboretum을 찾았다. 리온 박사가 타계한 후 하와이 대학에서 관리하는 이 식물원은 입장료는 없으나 5불 정도의 도네이션을 권장한다.

30m 높이의 반얀 나무 뿌리가 마치 하와이의 산처럼 펼쳐져 있는 사이로 예쁜 꽃들이 피어 있다. 마노아 밸리 깊숙이 자리 잡고 있는 200에이커의 이 식물원에서는 경제성이 높은 품종을 개발하고 있다.

61번 도로를 달려 오하우섬의 동서를 가로막는 쿠라우Koolau 산맥의 가

장 낮은 지점에 있는 누우아누팔리Nu'uanu Pali 전망대에 올랐다. 1795년에 마우이Maui와 모로카이Molokai를 정복한 빅아일랜드 출신 카메하메하1758~1819는 1만 명의 군사로 이곳에 진격하여 오아후군을 누우아누 계곡에 몰아넣는다.

1천 피트 절벽으로 추락한 저항군은 대부분 사망하여 하와이 역사상 가장 처참했던 전투가 되었다. 1898년 하이웨이 공사 중 800여 개의 두개골이 발견됨으로써 전설이 역사의 사실로 드러났다. 이 전투의 승리로 하와이 제도를 통일한 카메하메하는 하와이의 초대 왕으로 등극한다. 그는 하와이를 폴리네시아 국가 중 가장 강력하고 부유한 국가로 성장시켜 미국 역사상 유일한 왕국을 만들었다.

1968년 하와이 이민 100주년에 일본인들이 지은 뵤도인 사원Byodo In Temple은 못을 사용하지 않고 지은 건물로, 연못에 둘러싸여 있다. 1984년 방문 시 아이들 손바닥에 모이를 올려놓고 새를 불러주던 일본인 할아버지가 생각났다. 아치형 붉은 다리를 건너 추억의 종도 쳐보고, 연못에 먹이를 던져 물을 튀기며 몰려드는 알록달록한 잉어들을 감상하였다.

Kualoa Ranch & Mormon Temple

쿠알로아 목장과 몰몬 템플

1850년 미국 선교사 Gerrit Judd 박사는 하와이 왕국의 카메하메하 3세로부터 622에이커의 땅을 사들였다. 그 후 4천 에이커로 확장된 쿠알로아 목장은 처음엔 사탕수수밭으로, 제2차 세계대전 때에는 공군기지로 사용되었다. 지금은 〈쥬라기 공원〉과 〈하와이 Five - 0〉 등 많은 영화와 TV 쇼 촬영지가 되어 매년 2백만 명 이상이 찾는다.

병풍산을 뒤로하고 앞으로는 Chinaman's Hat이 있는 푸른 바다에서 이스더가 배경이 되는 영화도 만들어졌다. 〈Karate Kid〉, 〈Godzilla〉, 〈Pearl Harbor〉, 〈Hunger Games〉 등 40여 편의 영화와 〈국제시장〉의 김윤진이 출

연했던 〈Lost〉 등도 촬영되었다.

79불짜리 Lost & Movie Hummer Adventure 투어로 2시간 동안 일반 차들이 진입할 수 없는 곳까지 깊이 들어가 숨겨진 비경을 돌아보았다. 2015년 〈쥬라기공원 4〉 촬영 장소 방문을 마지막으로 투어가 끝났다.

라이에Laie에 있는 몰몬사원은 전 세계 140여 개 사원 중 하나로 정방형의 하얀 건물이다. 몰몬은 예수를 하나님으로 믿고, 교황격인 회장 아래 12사도와 추기경급 70인 사제를 두고 있다.

1820년대 창시되어 조셉을 예수의 선지자로 여기는 몰몬은, 조셉이 예수의 계시를 모아 만든 몰몬경Book of Mormon을 성경과 함께 경전으로 사용한다. 조셉이 적대자들의 총격으로 죽은 후, 브리검 영Brigham Young, 1801~1877으로 이어진 몰몬이 남북전쟁 미망인과 자녀들을 돌보기 위한 중

혼 Plural marriage 을 인정하자 교세는 더욱 확장되었다. 많은 사업체를 소유하고 있는 몰몬의 신도 수는 1천5백만 명으로 추산된다.

사후에 가족이 만나는 예언은 성경에 없다 하자, 한국계 안내원은 조셉 Joseph Smith, 1805~1844 이 예수로부터 계시를 받았다고 대답한다. 6천여 주민들은 사원과 몰몬 소유의 영 대학교와 폴리네시안 컬처 센터에서 일한다.

Polynesian Cultural Center

폴리네시안 문화센터

태평양에는 폴리네시아와 서쪽의 멜라네시아, 북쪽의 미크로네시아 문화권이 존재한다. 폴리네시안 문화센터에서는 뉴질랜드, 피지, 하와이, 타히티, 사모아, 통가 등의 고유한 문화와 역사를 보여준다.

3백만 뉴질랜드 북섬 원주민 마을 Aotearoa관 대문 앞에서는 손님 맞는 예식을 한 후 방문객들을 실내 공연장으로 인도한다. 조상들에 대한 경의를 표하는 것을 주제로 한 민속춤을 소개한다.

피지관에서는 굵고 기다란 대나무를 바닥에 탕탕 두들기며 노래와 춤으로 88만 피지인의 역사를 흥미롭게 설명한다. 흥겨운 민속 음악에 맞추어 무희들과 함께 춤을 추는 등 즐거운 시간을 가졌다.

하와이관에서는 훌라춤의 기본동작을 가르쳐 준 다음, 함께 음악에 맞추어 춤을 춘다. 142만 하와이안의 역사를 설명하는 사회자의 코믹한 연기가 돋보인다.

타히티관에서는 전통 결혼식을 보여준 후 커플끼리 사랑의 맹세를 하게 한다. 코코넛 빵 만들기 등으로 18만 타히티안의 문화를 보여준다. 사모아 빌리지에서는 19만 사모아인들의 문화와 불의 사용에 대한 이야기가 펼쳐진다.

통가관으로 들어가자 심장 박동 같은 드럼 연주 소리가 들려온다. 11만의 가장 작은 나라이지만 큰 소리로 부르는 노래와 창을 들고 전투하는 군무로 강함을 표현한다.

2시 반부터는 모든 행사가 멈춰지고 각 나라의 카누쇼가 벌어진다. 전 세계에서 유학 온 Young 대학교의 근로 장학생들이 Gate Way 식당을 찾는 손님들을 친절하게 안내한다. 하와이 역사가 화려하게 그려진 벽화가 있는 아일랜드 뷔페에서 정갈하고 맛있는 저녁을 즐겼다.

영화관에서 매시간 무료로 상영되는 〈Hawaiian Journey〉는 하와이 제도의 빼어난 경치를 엄선하여, 특수 효과를 넣어 만든 14분짜리 영화다. 폭포 앞을 지날 때는 머리 위로 물방울이 떨어지고 의자도 흔들렸다.

퍼시픽 극장에서 관람한 〈HA - Breath of Life〉는 생명의 숨결이 끊임없이 이어짐을 보여주는 뮤지컬이다. 어느 날 밤 외딴곳에서 마나가 태어나고, 친절한 마을 주민들은 어린아이와 그 부모를 환영하며 새로운 보금자리로 맞아들인다.

성년이 된 마나는 아버지로부터 배운 삶의 방식을 가지고, 자기만의 삶을 찾아 세상 밖으로 나간다. 그 후 마나는 사랑을 만나고 가장으로서 새로운 삶을 시작하면서 그에게 삶을 준 부모와는 이별한다.

Aliiolani Hale

미국의 유일한 왕국

2천여 년 전 남태평양에 있는 피지와 사모아섬 사람들이 해류에 카누를 띄운다. 별자리에 의지하여 항해를 시작한 그들은 태평양을 가로질러 Marquesas 제도에 상륙한다.

도전적이고 호기심 많은 사람들은 그 비좁은 섬을 떠나, 다시 2천 마일을 북상하여 하와이 제도에 도착한다. 북쪽의 지상 낙원 소문을 들은 타히티 등 폴리네시아섬 사람들도 12세기부터 이주하기 시작한다.

카메하메하 1세 동상 뒤로, 1층에는 카메하메하 5세 사법 역사센터가 있고, 2층에는 하와이주 대법원 및 법원 행정처가 있는 알리이올라니 헤일 Aliiolani Hale 역사센터를 찾았다. 일부다처제와 일처다부제가 있던 하와이의 구습으로, 기독교식 입법 과정에서 일부일처 제도의 정착에는 많은 어려움이 있었다.

1793년 카메하메하 1세는 밴쿠버 선장으로부터 Union Jack을 선물로 받아 한동안 하와이 왕국 비공식 국기로 사용하였다. 1843년 카메하메하 3세가 왼쪽 상단에 영국기를 배치하고 8개 섬을 상징하는 가로줄을 넣어 하와이 주기를 만들었다. 언뜻 보면 영국이 미국의 한 주처럼, 하와이가 영국령처럼 보인다.

1810년 카메하메하1세는 하와이 제도를 정복하고 통일왕국을 세운다. 포경과 파인애플 등으로 부유해진 하와이는 일본과 중국에서 노동자를 들여오는 등 방만한 나라 경영으로 민심이 흐트러진다. 1893년 하와이 경제를 장악하고 Honolulu Rifles이라는 군대를 가지고 있던 미국계 백인 집단 선교당Ministry Party이 정변을 일으켜, Lili'uokalani 여왕은 왕위에서 물러나고 공화정으로 바뀐다.

1894년 하와이 출신 법률가 돌Sanford Dole, 1844~1926은 초대 대통령이 되어 하와이를 미국의 주로 편입시켜 줄 것을 미국에 청원한다. 미 상원은 하와이 대다수 주민들의 뜻이 아님을 이유로 이를 기각한다. 1898년 강제 퇴위되었다고 주장하는 왕의 탄원에, 미국은 과도한 사치벽과 무능으로 나라가 파산에 이르게 한 책임을 여왕에게 지운다. 그리고 하와이를 미국령에 편입시키고 돌을 초대 총독으로 임명한다.

1941년부터 진주만 공격으로 인해 3년 동안 하와이에 계엄령이 선포된다. 지상 낙원인 이곳도 6세 이상 일본계 사람들은 지문 등록과 감시를 받았으며, 일몰 후 길거리 주차가 금지되는 등 악몽과 같은 시절을 겪었다. 1959년 제반 여건을 갖춘 하와이는 미국의 한 주가 되기 위한 청원을 한 지 65년 만에 미국의 50번째 주가 되었다.

Lawyers
without Rights

Battleship Missouri Memorial

진주만 역사 유적지

1941년 일본의 공습으로 순직한 장병들을 추모하는 USS Arizona Memorial 등이 있는 진주만Pearl Harbor 역사 유적지의 Battleship Missouri Memorial을 찾았다. 미주리 전함 앞에서 한 아가씨가 수병과 열렬한 키스로 승리의 기쁨을 표현한 조형물은, 자유와 평화를 위해 싸운 연인과 나누는 행복한 입맞춤이다.

1944년 취역한 길이 270m의 미주리 전함에는 9문의 50구경 주포와 함대함 Harpoon 미사일 등이 탑재되어 있다. 1945년 4월 오키나와 전투에서 미주리호에 격돌한 가미카제 자살 특공기에서 조종사 시체가 발견되자, 선장은 미군 병사들과 같은 방법으로 바다에 수장하게 한다. 적군이었지만 예의를 다하여 장례를 치러 이곳을 방문하는 일본인들과 지구촌 사람들에게 감동을 준다.

미주리호는 1950년 12월 15일 흥남철수작전에서 함포 사격으로 중공군의 추격을 저지하여, 미 10군단과 국군 1군단 장병 10만여 명과 피난민들의 철수를 도왔다. 군단장 알몬드 소장의 민사고문 현봉학 박사의 간곡한 부탁에, Meredith Victory 화물선 선장은 가득 채워진 무기를 내려놓고 대신 피난민 1만4천 명을 태웠다.

메러디스호는 28시간의 항해 중에 단 1명의 사망자도 없이 12월 25일 거제도에 도착한다. 엄동설한에 오히려 5명의 신생아가 태어나, 2004년 기네스북에 인류 역사상 가장 위대한 '구출의 배'로 기록되었고 크리스마스의 기적이라 불리었다.

일등 항해사 러니[Lunney]는 "진정한 영웅은 죽음의 극한 공포 속에서 굳건한 용기와 신념을 보여준 피난민이었다."라고 술회하였다.

1910년 중국과 러시아를 격파한 일본은 한국과 대만을 합병하고 만주를 점령한다. 자원 부족 해결을 위해 석유, 주석, 철, 고무 등 천연자원이 풍부한 동남아시아를 장악한다. 일본이 아시아 국가 연합인 대동아공영권을 구축하자 미국은 일본으로 향하는 오일 금수조치를 취한다.

일본은 1941년 12월 7일, 진주만을 기습 공격하여 미군 3,500여 명을 살상하고, 21척의 군함과 300여 대의 항공기를 파괴한다. 진주만을 기습한 이튿날 홍콩, 말레이시아를 공격하고 타이랜드와 괌을 수중에 넣는다.

1942년 필리핀, 버마, 싱가포르, 뉴기니를 굴복시킨 다음, 과달카날과 알류샨 열도를 차지한다. 1943년 일본은 전쟁물자 조달을 위해 한국 농촌의 놋그릇과 요강까지 강탈하고, 학생들을 강제 징집한다. 그리고 그것도 모자라 날로 떨어지는 군의 사기를 위하여 어린 소녀들을 위안부로 차출해 가는 만행을 저지른다.

진주만 공습 당일 그곳에 없었던 미군 항공모함 3척에서 애국심에 불탄 조종사들이 전투기에 오른다. 6개월 만에 복구된 진주만 전함들은 일본군을 격파하고, 1944년 사이판과 필리핀을 되찾는다. 일본의 기습으로 침몰한 애리조나호로부터 시작된 전쟁은, 1945년 9월 2일 동경만 미주리호 선상에서 일본이 항복 문서에 서명함으로써 종결된다.

일본 대표 시게미쯔 외상은 1932년 윤봉길 의사의 상해 의거로 한쪽 다리를 잃어 지팡이에 의지하여 참석하였다. 1937년부터 8년 동안 10만의 미군과 210만 명의 일본인이 희생되었고, 2천만 동남아시아인들이 전쟁과 굶주림에 시달렸다.

1995년 완전히 퇴역한 미주리호는 1998년부터 이곳에 정박되어 있다. 태평양 전쟁의 시작과 끝을 한 곳에서 볼 수 있는 진주만 역사유적지는 기념관마다 별도 입장권을 구입해야 한다.

Honolulu Museum of Art

외설과 예술

호놀룰루 미술관은 여러 개의 안마당들을 감싸는 구조와 하와이풍의 경사 있는 지붕으로 되어있어 포근한 느낌을 준다. 세계 최고의 아시아 미술 컬렉션과 유럽 및 폴리네시안 작품들을 감상할 수 있다.

2001년부터 개관한 한국 상설관에서는 매년 한국 도자기 특별전을 개최한다. 이곳에는 도자기, 회화, 조각, 금속 등을 포함해 조선 시대 분청사기와 통일 신라 시대의 도기인화문합 등 900여 점의 소장품이 있다.

하와이 최대 미술 연구 도서관 옆에 있는 정원 속 카페는, 미술관의 분위기와 함께 점심을 즐길 수 있는 맛집이다. 화요일부터 토요일까지 11:30~13:30 동안만 영업하는 이곳에서 한적한 식사를 원한다면 예약을 추천한다.

현대 일본의 성문화 특별전에는 외설과 예술의 경계가 모호한 작품들이 가득하다. 조물주는 여성을 아름답게 빚어놓고 남성이 사랑하도록 축복하였다. 생육과 번성을 위한 사랑의 표현은 훌륭한 예술적 소재이다.

일본 우키요에의 대가 호쿠사이(Katsushika Hokusai: 1760~1849)의 춘화. 하와이 호놀룰루 미술관에는 이 원화를 모티브로 삼아 현대적으로 그린 마사미 테라오카의 그림이 전시되어 있다.

패키지로 25불을 내면 호놀룰루 미술관과 샹그릴라 갤러리를 함께 방문할 수 있다. 수, 목, 금, 토요일 오전 9시, 10시 반, 오후 1시에 출발하는 샹그릴라 투어는 온라인으로만 예약이 가능하다.

다이아몬드 헤드 아래 카할라에 있는 샹그릴라 갤러리는 한때 세계 최고의 여자 갑부로 기네스북에 올랐던 도리스Doris Duke, 1912~1993의 저택이었다. 그녀는 12살 때 담배왕 듀크의 외동딸로 아버지로부터 막대한 유산을 상속받았다.

뛰어난 예술적 안목이 있었던 그녀는 신혼여행으로 떠난 세계여행에서 이슬람 문화에 깊이 빠져들었다. 도리스가 평생 수집한 3,500여 점의 이슬람 예술품들은 하와이 최고의 뷰가 있는 이곳에 전시되어 있다.

Pride of America Cruise

하와이 제도 크루즈

호놀룰루에서 출발하는 Pride of America 크루즈는 마우이와 빅아일랜드, 카우이섬을 방문한 다음 다시 오아후섬으로 돌아온다. 매주 토요일 12시부터 체크인하여 오후 4시에 승선이 마감된다.

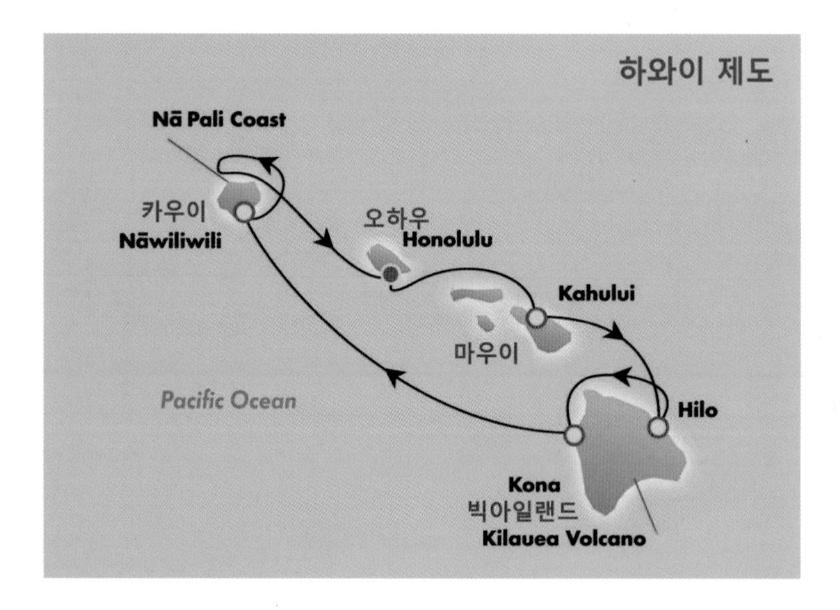

밤 동안 배가 이동하여 다른 섬을 돌아보는 환상의 여정이다. Skyline과 Liberty 식당 등에서 디너를 할 수 있고, 20여 불을 내고 Specialty 식당에서 특별식을 선택할 수 있다.

900여 명의 승무원들이 2천여 명의 승객을 위해 최선을 다한다. 풀사이드에서는 GO들이 춤과 노래로 흥을 돋우고, 한쪽에서는 바비큐가 한창이다. 5시에 승객들은 비상 탈출 훈련으로 극장에 Deck 별로 150명씩 그룹으로 앉아 구명정의 번호와 위치, 그리고 생사를 같이할 팀원들과 인사를 나눈다.

케빈 테이블 위에 있는 생수를 마시고 우연히 미니바 목록을 들여다보니 5불로 적혀있다. 서비스 데스크에 확인한 결과 Cruise.com의 On Board Credit 100불과 NCL의 Welcome Gift 50불 중에서 결제되었다. 남은 크레딧은 투어 사진과 하루에 15불씩 8일간의 봉사비 120불을 지불할 때 요긴하게 사용하였다.

저녁 9시부터 대극장에서 1시간 동안 재주 많은 승무원들의 노래와 춤으로 짜인 Hollywood Showtime이 벌어진다. 배가 태평양으로 들어서자 큰 파도와 힘겨루기라도 하는지 잠자리가 살짝살짝 흔들렸다.

Whale Watching @ Maui

관광선을 위협하는 고래

마우이는 12월부터 4월까지 북해에서 내려온 고래 관람Whale Watching 투어로 유명하다. 현지여행사 Robert Hawaii에는 이 투어가 없어 99불에 NCL을 통해 예약하였다. 렌터카로 40분 거리의 라하이나Lahaina로 가서 티켓을 구매하면 2인에 30% 이상 비용이 절감된다.

라하이나에 도착하여 보니 고래에 가까이 접근하는 익스트림 투어가 69불이다. 150명이 승선한 우리 배는 고래와 100야드 떨어져야 했지만, 18인승의 작은 배에 오른 익스트림 투어팀들은 12피트의 지느러미로 물장구를 치는 소리와 에너지를 고스란히 느끼며 고래를 감상한다.

1993년 영화 〈Free Willy〉에서 씨월드를 탈출한 윌리의 추억으로 승객들과 함께 동심에 빠졌다. 승객들이 "Ok. Willy, One more time, Come on

Willy, You can do it." 하며, 연신 영화의 대사를 외친다.

60여 년 동안 길이 48피트, 몸무게 36톤까지 자라는 혹등고래는 지구상에서 가장 큰 포유동물로 멸종 위기에 있다. 전 세계에서 포획된 고래는 대부분 일본이 어족 연구를 위해 잡은 것이다.

2시간의 고래 관람 투어 후 라하이나 반얀 코트 파크에서 자유시간을 가졌다. 1873년 개신교 선교 50주년 기념으로 심은 반얀 트리가 공원 대부분을 덮고 있는 이곳에는, 한 뿌리에서 사방으로 뻗어 나간 가지들을 보호하는 지지대들이 보인다. 인도에서는 반얀 트리 그늘에 시장이 많이 형성되어 Merchant Tree라고도 부른다.

둘째 날 밤에도 크루즈 대극장에서는 싱싱한 인어처럼 뛰놀던 청춘남녀들이 느긋한 하와이안이 되어 멋진 쇼를 보여준다. 끝판에는 관광객들도 무대 위로 올라가 함께 춤과 노래를 즐긴다.

Haleakala National Park

할레아칼라 국립공원, 태양의 집

해발 10,027피트 정상에 위치하여 태양의 집이라 불리는 할레아칼라Haleakala 국립공원을 찾았다. 5백 년 전의 분출로 생긴 깊이 2,600피트, 지름 7마일의 거대한 분화구를 보기 위해 매년 1백만 명 이상이 찾는 세계 최대 휴화산이다.

1984년 겨울 할레아칼라 해돋이를 보기 위해 새벽 3시에 호텔을 나섰다. 곤하게 자고 있는 상은이와 상규를 담요에 말아 차 뒷좌석에 밀어 넣고, 지그재그 산길 38마일을 1시간가량 올랐다.

전망대에서 맞이한 것은 기대했던 붉고 커다란 둥근 태양이 아니라, 구름

위로 떠 오른 조그만 해였다. 수평선 위로 떠 오르는 온전한 태양을 본다는 것은 그 확률이 너무 낮아 2015년에는 해돋이 대신 분화구 트레일을 선택하였다.

국립공원 방문자 센터 앞에는 할레아칼라 정상에만 서식하며 20년에 한 번 꽃을 피우고, 사람들이 만지면 죽는다는 은검초Silversword가 있다. 4시간 투어 중 버스 왕복 2시간을 뺀 2시간 동안 산소가 희박한 해발 9,740피트의 트레일을 천천히 돌아보았다.

기항지 투어Shore Excursion는 NCL 대신 Roberts Hawaii와 직접 예약하여 20% 이상 경비를 줄였다. 3개를 Combo로 예약하여 120불이고, 4개를 묶을 경우 총 140불로 저렴한 옵션 투어를 할 수 있다.

robertshawaii.com에서 shore excursion을 클릭하여 다녀온 사람들의 리뷰를 보고 만족도가 높은 것을 골랐다. 오전 9시 크루즈에서 하선하면 주차장의 가장 가까운 곳에 NCL 투어버스가 대기하고, 그다음에 Roberts Hawaii와 주차장 끝에는 렌터카 셔틀버스가 손님을 기다린다.

Akaka Falls State Park

아카카 폭포

마우이섬을 출발하여 밤새 하와이섬 Hilo에 도착한 크루즈에서 내려 오전에는 아카카 폭포를 방문하고 오후에는 헬기로 활화산을 돌아보았다. 저 멀리 만년설을 이고 있는 Mauna Kea는 해발 12,600피트로 하와이의 최고봉이다.

8백만 년 전 태평양 해저 지각판에서 마그마가 분출되어 니하우, 카우이섬이 탄생하였다. 4백만 년 전 오아후, 모로카이, 라나이, 카호올라웨, 마우이섬 등이 형성된 후, 3백만 년 전 마지막으로 하와이섬이 생겼다. 북쪽에서 남쪽으로 1,500마일에 걸쳐 생성된 하와이 제도 중 가장 커 빅아일랜드라고 불리는 하와이섬은 지금도 활발한 화산활동으로 조금씩 커지고 있다.

Akaka Falls 주립공원으로 가는 길에 Macadamia Nut 공장에 들러 2층 복도를 걸으며 한국말을 선택하여 Self Guided 투어를 하였다. 유리창 너머로 쿠키를 만들고 넛츠를 볶아서 포장하는 모습이 보인다.

뱀이 살지 않는 하와이의 Panaewa Rainforest 동물원에는 뱀을 본 경험이 없는 하와이안들을 위해 농무성에서 리스해 온 뱀이 있다. 섬에 뱀이 들어와 새의 알을 다 먹어치우면 새가 멸종할 수 있어, 이곳으로 들어오는 선박과 짐들은 엄격한 검사를 받는다.

이 작은 섬에 129m 낙차로 길게 떨어지는 아카카 폭포가 있다는 것이 신기하였다. 30년 전 열대우림을 지나 폭포로 가는 길에 상규가 떼를 써서 남편이 목마를 태우고 이 나무 아래에서 사진을 찍었던 기억이 새롭다.

청각장애가 있는 한국 아가씨가 같은 처지의 일본 청년과 결혼하여 7살과 4살 된 두 딸을 둔 커플과 그들의 부모와 시누이와 함께 투어를 하였다. 그 중에서 빛나는 역할을 맡은 시누이는 우리와 가이드하고는 영어로, 부모와

조카들하고는 일본어로, 사돈어른들과 동생 부부하고는 수화로 소통한다. 기억에 오래 남는 가족들이다.

Kilauea Volcano

헬기로 돌아본 킬라우에아 활화산 분화구

오전 9시부터 오후 1시까지 아카카 폭포 관광을 마친 일행들은 크루즈로 돌아가고, 우리는 그 투어 버스를 되짚어 타고 힐로 공항으로 갔다. 공항까지 택시요금은 24불이나, 기사가 돌아가는 길에 태워다 주어 10불의 팁으로 고마운 마음을 전했다. 라운지에서 체크인하고 안전교육을 받은 후 3시까지 공항 카페에서 점심을 먹으며 기다렸다.

280불인 NCL의 Circle of Fire 투어 대신, Blue Hawaii 투어의 A - Star 196불짜리를 선택하여, 1시간 동안 킬라우에아 Kilauea 활화산 분화구와 레인보우 폭포를 돌아보았다. 통으로 된 창문과 높은 뒷좌석으로 승객 모두에게 넓은 시야를 제공하는 Eco는 241불이지만, A - Star도 주요 포인트에서 헬기가 선회하며 시야를 만들어주기에 두 사람에 90불을 더 지불할 이유가 없었다.

1984년 힐로에서 렌터카로 이 화산 국립공원을 돌아보며 깊은 웅덩이에서 끓어 오르는 용암을 볼 수 있었다. 이번 헬기 투어에서는 땅속으로 흐르는 라바가 숲을 태우며 연기만 보여준다. 헤드폰으로 조종사에게 질문과 설명을 들을 수 있으나, 프로펠러 소리와 분화구 위를 나르는 긴장감에 잘 들리지 않았다.

라바가 흐르는 지역 가까이에 거주지가 보인다. 보험이 전혀 보장되지 않는데도 저들은 이제 만성이 되어 그리 놀라지 않는다. 2014년 10월처럼 대폭발이 예고되면, 주민들은 안전 지역으로 대피한다.

헬기로 크루즈가 정박한 항구를 지나 공항으로 가는 길에 내려다보이는 포구와 비행장이 가까워 보였지만 택시로 10분이나 걸렸다. 투어가 4시경 끝나 5시 반 승선 마감 전까지 여유있게 승선할 수 있었다.

Pu'uhonua o Honaunau

코나의 도피성, 국립역사공원

하와이섬 코나 항구는 거센 파도와 암초가 많아 크루즈에서 구명정 Tender으로 상륙한다. 중앙 홀에서 구명정 타는 순서표를 받아들고, 메인홀에서부터 갱웨이까지 사람들이 한 줄로 서서 차례를 기다린다.

일본인들은 어디로 모이라는 일본어 방송에 주위에 있던 사람들이 우리를 바라보며 길을 비켜준다. "We are not Japanese, we are Korean American." 이라고 하자 한 백인 신사가 한쪽 팔을 가슴까지 꺾어 목례를 한다. 진심을 담아 익살스럽게 보내는 사과에 모두들 조금씩 다른 의미로 함께 웃었다.

높은 파도 때문에 구명정과 크루즈의 데크 높이가 비슷해질 때를 기다려, 승무원의 손을 잡고 뛰어넘었다. 질서 정연하게 안내에 따르는 승객들과 함께 투어버스에 올라 호나우나우 베이로 갔다.

푸우호누아 오 호나우나우 국립역사공원은 하와이 문화에서 가장 중요한 카푸 Kapu, 금기'를 어겨 사형선고를 받은 사람들의 도피처였다. 카푸를 어기고 살아남을 수 있는 유일한 방법은 추격자들로부터 도망쳐서 푸우호누아에 도달하는 것이다. 범법자들이 험한 파도를 이기고 이곳까지 살아오면 제사장은 교육과 수련을 받게 한 후 죄를 사하여 방면하였다.

우발적으로 살인을 저지른 사람이 피해자 가족들의 복수로 생명을 잃을 것을 걱정한 장로들이 가해자를 이곳으로 피신시켰다. 격한 감정이 수그러들 때까지 시간을 벌어주는 유대교 도피성 제도와 비슷한 고대 신앙의 지혜이다.

나무를 깎아 만든 신상들이 가득한 공원에는 그들의 생활 풍습을 엿볼 수 있는 사원과 왕의 임시 거처, 그리고 게임 기구 등이 있다. 해변가 용암 사이의 맑은 물속에 하와이 바다거북과 노란 물고기들이 보인다.

오늘 밤도 승무원들은 무대 위에서 코믹한 연기로 승객들의 배꼽을 쥐게 한다. 탤런트라는 소리는 재주 많은 이들을 두고 해야 할 말인 것 같다. 점점 정이 드는 이들과 헤어져야 하는 것이 아쉽게 느껴진다.

오늘 저녁 우리 배는 꿈 같았던 하와이섬 일정을 끝내고 마지막 여정인 카와이섬으로 떠난다. 코나 해안 화산암에 부딪혀 하늘 높이 솟아오르는 거센 파도들이 벌써 마음을 울컥하게 한다.

Royal Kona Museum and Coffee Mill

코나 커피의 비밀과 진실

코나Kona 커피는 자메이카의 블루 마운틴과 예멘의 모카 마타리와 함께 세계 3대 커피로 꼽힌다. 코나 커피의 원산지인 빅아일랜드 북서부에 있는 Royal Kona 박물관을 찾아 커피 제조 과정을 살펴보았다.

1810년대 호놀룰루 지역에 관상수로 들여온 아라비카 나무는 인기를 얻지 못하고 벌채를 당한다. 1828년경 선교사 사무엘Samuel Ruggles이 빅아일랜드의 해발 1,100피트 산기슭에 이 관상수를 커피 생산을 위하여 경작하였다.

커피는 적당한 비와 배수가 좋은 화산암의 비옥한 토양에서 잘 자란다. 코나는 오전의 뜨거운 태양과 한낮 구름이 그늘을 제공하는 Free Shade 현상 등으로 천혜의 조건을 갖추었다.

1899년 시장 붕괴로 도산 위기에 처한 대형 농장주들이 3~5에이커로 분할하여 노동자들에게 임대한다. 1910년대 수확량의 반이나 되는 임대료를 지불하던 가족 단위의 일본인 이민 노동자들은 임대 기간이 끝난 후 소농장주가 되었다.

하와이의 다른 섬들이 사탕수수로 전환할 때 빅아일랜드에서는 20마일의 Kona Coffee belt가 만들어졌다. 제2차 세계대전 때 미군 식단에 포함된 커피는 종전 후에도 제대한 미국인 가정의 필수 기호 식품이 되었다.

과즙을 제거한 생두는 1주일간 말린 후 속껍질이 벗겨져 원두가 된다. 한 열매 안에 2개의 원두가 있으나 5% 정도는 1개의 원두만 있는 피베리 Peaberry가 생산된다. 기형으로 여겨져 대접받지 못하였으나, 지금은 진한 맛과 향기로 최고급인 Royal Kona Estate보다 2배 이상 비싸게 팔린다.

원두의 볶는 시간에 따라 신맛이 나는 Light와 Medium Roast, 그리고 진

한 향과 쓰고 달콤한 Dark Roast로 구분한다. 코나 커피는 달콤한 과일향과 약간의 신맛과 함께 부드러운 맛이 일품이다. 섭씨 85~90도로 추출하면 제맛이 나지만, 추출 온도가 너무 높으면 쓴맛이 강하고 낮으면 떫은맛이 난다.

코나 커피의 인기가 날로 더해지자 코나산 원두가 10% 이상 포함된 제품만 코나 커피로 표기할 수 있도록 하였다. 100% 코나 커피는 온즈당 2~3불, 다른 원두와 섞인 코나 블랜드는 원두 비율에 따라 40~70센트로 값이 저렴하다.

커피 마니아들은 100% 코나 커피를 인터넷으로 구매하기도 하나 현지에서 사 온 것만 못하다고 한다. 실제로 다른 것인지 기분상 다른 것인지는 알 수 없다. 카페에서 주로 볼 수 있는 커피 메뉴 10가지를 나열해 본다.

① Blue Mountain : 자메이카산의 커피 브랜드로 신맛과 쓴맛이 잘 조화된 최고급 커피
② Espresso : 이탈리아어로 '빠르다'는 뜻. 초기 10여 초에 추출한 쓴맛이 강한 커피 원액
③ Caffe Americano : Espresso에 뜨거운 물을 부은 부드러운 맛의 대중 커피
④ Caffe Latte : Espresso에 우유를 1:4의 비율로 섞어 부드러운 아침 커피
⑤ Caffe Mocha : 카페 라테에 초콜릿을 더한 것
⑥ Cappucino : Espresso 위에 우유와 우유 거품을 얹고 계피나 코코아 가루를 살짝 뿌린 것
⑦ Decaffeinate : 커피 원두를 가공하는 과정에서 카페인 성분을 제거한 커피
⑧ Drip Caffee : 뜨거운 물을 조금씩 부어 천천히 커피를 추출하는 즉석커피
⑨ Marocchino : Espresso에 초콜릿을 뿌린 후 우유 거품을 얹은 커피
⑩ Vienna Coffee : 커피에 휘핑크림을 넣어 부드럽게 마시는 오스트리아 전통 커피

Waimea Canyon & Luau Kalamaku

태평양 그랜드 캐니언과 디너쇼

태평양의 그랜드 캐니언이라 불리우는 와이메아Waimea 계곡은, 10마일 길이에 3천 피트 깊이로 그 웅장함을 자랑한다. 74세의 하와이 최고령 할머니 가이드는 가파른 길에서 마주 오는 차를 잘 피해 운전하며, 타고난 입담으로 30여 명의 일행을 사로잡는다.

500만 년 전에 생성된 이 캐니언은 붉은색 바위와 진초록빛 나무들이 어우러져 환상적인 풍경을 만든다. 저 멀리 가늘고 길게 낙하하는 와이푸 폭포가 보인다. 뿌옇게 보이던 계곡은 아침 햇살이 안개를 밀어내자, 태고의 아름다움으로 빛을 발한다.

Spouting Horn 주립공원에는 하와이에서 가장 높게 솟아오르는 자연 분수가 있다. 거센 파도가 밀려와 바닷속에 만들어진 라바 터널을 통과하여, 분수처럼 하늘 높이 치솟아 오른다.

리후에 Lihue 에 있는 루아우 카라마쿠 Luau Kalamaku 농장에 들어서자 하와이 선남선녀들이 레이를 목에 걸어주며 환영한다. 목각 작품 매장에는 하와이 풍경 사진 등 다양한 상품들이 주인을 기다린다. 기차를 타고 농장을 한 바퀴 돌면 125불, 디너와 쇼는 110불, 쇼만 볼 경우에는 50불이다.

이무 Imu 의식이 있은 후, 땅속에서 달구어진 돌로 익혀진 하와이안 전통 음식을 꺼내는 장면을 볼 수 있었다. 이어 제공된 칼루아 돼지고기와 포이 으깬 하와이 토란, 그리고 채소 등은 입에 넣자마자 살살 녹았다.

메인 쇼가 시작되기 전에 금혼 Golden Anniversary 커플들이 무대 위로 올라와 자손들의 축하 박수를 받으며 춤을 춘다. 이혼이 많은 이 세대에서 50년을 함께 산 노부부의 모습이 참 아름다웠다.

하와이 사람들의 영적 생활과 사랑을 표현한 환상적인 춤사위가 45분 동안 신비롭게 펼쳐졌다. 고립된 환경에서 만들어진 특유의 문화를 녹여낸 훌륭한 공연이다. 공연 후 출연자들과 함께 15분간 사진 촬영을 하는 시간이 주어진다.

Wailua River Cruise

하와이 여정의 끝

하와이 왕족들이 결혼식을 하던 성스러운 장소로, 한국 관광객들이 고사리 동굴이라고 부르는 훼른 그로토Fern Grotto를 찾았다. 오파에카아Opaekaa 폭포에 잠깐 들른 후 와일루아강Wailua River 크루즈에 올랐다.

4인조 밴드가 귀에 익숙한 곡들을 연주하며 백여 명 승객들을 맞아준다. 감미로운 음악과 하늘거리는 하와이 춤을 감상하면서, 강 상류로 올라가는 동안 강기슭을 따라 열심히 카약의 노를 젓는 사람들이 보인다.

하와이 춤의 기본동작을 가르쳐주는 댄스 교습 후, 댄서와 함께 춤을 추며 점점 흥겨움과 아름다움에 빠져들었다. 그들의 춤은 시원한 바람과 파도, 따스한 태양 아래에서 물고기를 잡아 손질하는 동작 등 일상생활을 표현한 것이다.

배에서 내려 하와이 식물들이 무성한 오솔길을 지나 지금도 결혼식이 있는 고사리 동굴 앞에 모였다. 크루즈 동안 하와이 춤을 가르쳐주었던 무희가 엘비스 프레슬리의 하와이안 웨딩 노래 등에 맞추어 훌라춤 공연을 하였다.

첫 주는 볼거리가 많은 오아후섬을 렌터카로 돌아보았다. 둘째 주는 비싼 크루즈 옵션 대신 현지여행사의 기항지 투어 4개를 콤보로 묶어 각각 35불의 저렴한 가격으로 지상 낙원 투어를 마쳤다.

| Epilogue |

2019년 12월 인도와 네팔을 다녀온 후, 코로나 팬데믹으로 1년 반 동안 집에 갇혀 지내며 《수상한 세계여행 제4권》을 탈고하였다.

2021년 봄, 백신 접종을 다 마치고 4월 21일부터 US Triple Crown of Hiking으로 불리는 미 동부의 애팔래치안 트레일[AT]과 중부의 컨티넨탈 디바이드 트레일[CDT], 그리고 서부의 퍼시픽 크레스트 트레일[PCT]을 돌아보는 여정에 올랐다.

칠순기념으로 70일 동안 이 세 트레일의 차로 접근이 가능한 지점을 방문하여 몇 마일씩 트래킹을 하였다. 스루하이커Through Hiker들의 트레일 엔젤이 되어 음식도 나누고 인터뷰도 하며 미국의 미래를 짊어질 용기 있는 젊은이들과 지낸 시간은 귀한 추억이 되었다.

미국 63개의 국립공원 중 오지에 있는 20곳을 찾아 크루즈와 수상비행기로 구석구석 찾아가느라 전 일정이 지구 한 바퀴 24,000마일에 거의 접근하는 22,000마일이 되었다. 그러나 매일 새롭게 나타나는 빼어난 자연경관을 접하며 감동의 순간을 이어갈 수 있었다.

이번 여행은 2022년에 《수상한 세계여행》 제5권 미국 트리플 크라운 하이킹〉으로 엮어낼 예정입니다. 먼저 여행이 가능하도록 건강과 모든 여건을 허락해 주신 하나님께 감사드립니다.

이를 위해 항상 기도해주시고 책을 몇십 권씩 주문하여 나누어 주신 분, 거마비로 후원해 주신 분, 숙소까지 찾아와 식사를 대접해 주신 분, 그리고 안방까지 내어주시며 집밥을 해 주신 애독자님께 감사드립니다.

책을 만드느라 수고해 주신 김재홍 대표님과 디자인과 교정·교열, 그리고 홍보로 수고하신 출판사 지식공감 가족들에게 감사드립니다.

신세균 목사

사람이 자기의 길을 계획할지라도 그 걸음을 인도하시는 분은 여호와시니라. 지금까지도 인도하시고 앞길을 인도하시는 분도 하나님이십니다. 하나님과 동행하는 여정으로 선한 목적이 아름답게 이루어지기를 기도합니다.

알렌 리

이번 여행 중에도 박 선생님 부부와 함께하셔서 두 분의 보호와 안내자가 되시고 하나님의 뜻을 깨달을 수 있는 지혜를 허락하여 주소서. 모든 위험에서 지켜주시고 건강하고 안전하게 돌아오게 하여 주소서. 책 출판에도 함께하셔서 하나님의 영광을 위한 책으로 쓰이게 하소서.

폴 리

책이 참 잘 나왔군요. 여행자들에게 큰 도움이 될 수 있도록, 살아있는 감동, 풍성한 내용, 운치 있는 필체가 돋보입니다. 여정의 결정판으로 알차게 꾸민 세계여행기, 아름다운 책으로 출판하였으니 마음 뿌듯하겠습니다.
보람과 기쁨을 추구하며 살아가는 삶을 응원합니다.

Su young Lee

사진이 선명하게 들어가 있고 종이 질과 전체 페이지 그리고 글자 크기까지 고심한 티가 역력했고요. 그 어떤 책보다도 내용은 물론이고 비주얼도 손색이 없는 A+였습니다.

김수정

코로나 때문에 어디 가지도 못하고 답답했었는데…, 글과 사진을 보고 새로운 곳에 대한 호기심과 여행에 대한 꿈이 생겨 설렜습니다. 남편도 책을 보더니 우리도 이제 구체적인 계획을 짜보자고 하네요. 봄날 선물같은 책을 보내주셔서 너무 감사합니다. 도전과 꿈을 응원합니다.

이윤랑

남들이 선뜻 가보지 못하는 빙하를 더운 여름에 대하니 참 여행은 삶의 묘약인 것 같습니다. 어려운 곳 다녀오시고 건강한 모습 참 보기 좋습니다.

클라우와우

안녕하세요 선생님!! 저를 기억하실지 모르지만…. 저 오클랜드에서 한국행 가는 비행기 선생님들 옆자리에 타서 두 분의 멋진 열정을 한껏 느끼고 돌아갔는데, 귀국하자마자 바로 일을 시작하는 바람에 이제야 찾아뵙네요!

《수상한 세계여행》 출간을 위하여 도네이션 해 주신 신세균, 박정미, 박선경, 김지한, 서효원, 이미아, 지귀산, 오현희, 서광진, 송경섭, 지헌옥, 노혜경, 김순향, 공익환, 폴 리, 김현경, 그레이스 리, 유재원, 신영자 님 등 여러분들께 진심으로 감사드리며, 후원금은 제5권 출간에 요긴하게 사용하겠습니다.